Illustrated Handbook of *Clausena lansium* Germplasm

黄皮种质资源图鉴

陆育生　曾继吾◎主编

SPM 南方出版传媒
广东科技出版社｜全国优秀出版社
·广　州·

图书在版编目（CIP）数据

黄皮种质资源图鉴 / 陆育生，曾继吾主编．—广州：广东科技出版社，2020.12
ISBN 978-7-5359-7613-0

Ⅰ．①黄… Ⅱ．①陆…②曾… Ⅲ．①黄皮—种质资源—广州—图集 Ⅳ．① S666.602.4-64

中国版本图书馆 CIP 数据核字（2020）第 236853 号

黄皮种质资源图鉴

出 版 人：朱文清
责任编辑：区燕宜 于 焦
封面设计：柳国雄
责任校对：李云柯
责任印制：彭海波
出版发行：广东科技出版社
（广州市环市东路水荫路 11 号 邮政编码：510075）
销售热线：020-37592148/37607413
http：//www.gdstp.com.cn
E-mail：gdkjcbszhb@nfcb.com.cn
经 销：广东新华发行集团股份有限公司
印 刷：广州市彩源印刷有限公司
（广州市黄埔区百合三路 8 号 201 房 邮政编码：510700）
规 格：889mm×1 194mm 1/16 印张 13.25 字数 250 千
版 次：2020 年 12 月第 1 版
2020 年 12 月第 1 次印刷
定 价：98.00 元

《黄皮种质资源图鉴》编委会

编写单位：广东省农业科学院果树研究所

主　　编：陆育生　曾继吾

副 主 编：彭　程　潘建平

编写人员：常晓晓　邱继水　林志雄　袁沛元　曾　杨
陈　喆　薛海军　陈道明　马　静　吴家敏
王智海　罗　震

本书出版得到以下项目的资助：

（1）广东省现代种业创新提升项目“广东省农作物种质资源库（圃）建设与资源收集保存、鉴评”（粤农计〔2018〕36号）

（2）国家热带植物种质资源库建设专项

（3）农业农村部热带作物种质资源保护专项

（4）广东省优稀水果产业技术体系创新团队建设专项

（5）广东省科技计划项目“优质晚熟黄皮新品种选育研究”（2016B020201004）

（6）郁南无核黄皮省级现代农业产业园建设项目

（7）科技创新战略专项资金（高水平农科院建设）（R2016PY-QF003）

农业农村部广州黄皮种质资源圃

前　言
Foreword

黄皮［*Clausena lansium* (Lour.) Skeels］，又名油皮、黄淡、黄段、黄批、黄胆子或王坛子，隶属芸香科（Rutaceae）柑橘亚科（Aurantioideae）黄皮属（*Clausena* Burm f.），为热带、亚热带特色水果，广泛分布在中国及越南的中北部一带。东南亚大部分国家，如柬埔寨、印度尼西亚、老挝、马来西亚、菲律宾、新加坡和泰国等也常有黄皮的分布。除此之外，印度、斯里兰卡、澳大利亚（昆士兰）、美国（佛罗里达和夏威夷），以及中美洲地区亦有引种和零星分布。黄皮果实外观诱人、风味独特、营养丰富，深受人们喜爱，除鲜食外，还可加工成果脯、果干、果酱、果汁、果酒和碳酸饮料等多种商品性好、经济价值高的食品。此外，黄皮浑身是宝，根、茎、叶、果、种子等均能入药，近年来从黄皮中提取黄酮、香豆素、生物碱等活性成分更被证实具有抗氧化、抑制肿瘤、预防老年痴呆等功效，药用保健开发前景广阔。

中国是黄皮的原产地，至今已有1 500多年的栽培历史，主要分布在广东、广西、海南、福建、云南、四川、贵州等省区。黄皮为小宗水果，过去民间习惯屋前房后零星实生栽培，经过长期的自然进化和人工选择，形成了丰富的种质资源；由于缺乏重视，许多宝贵的资源随着城镇化进程和经济建设的加快，已经灭绝殆尽，十分可惜。鉴于此，广东省农业科学院果树研究所在国内率先开展黄皮种质资源的收集、保存和评价利用，经过十余年的努力，建成了农业农村部广州黄皮种质资源圃，收集和保存了来自广东、广西、福建、海南、云南等地区黄皮种质资源200多份，是目前我国保存黄皮种质资源最多、类型最丰富的资源圃。多年来，我们对各黄皮种质（品种）资源进行了系统的观察和数据采集，掌握了大量翔实的第一手资料。

为了及时总结黄皮种质资源研究成果，广东省农业科学院果树研究所组织编写了《黄皮种质资源图鉴》。全书共收录黄皮品种（株系）98个，以图文并茂的形式呈现，重点介绍其植物学特性、园艺学性状、果实和综合评价，希望对广大黄皮生产者和科技工作者有所帮助。

本书在编写过程中得到全国黄皮科研、教学和生产单位的大力支持，同时本书的出版也得到广东省现代种业创新提升项目、国家热带植物种质资源库建设项目、农业农村部热带作物种质资源保护项目和广东省优稀水果产业技术体系创新团队建设项目等的资助，在此表示衷心的感谢！由于编写时间仓促、编者水平有限，书中疏漏和不妥之处在所难免，恳请读者批评指正。

编　者

2020年10月于广州

目 录

Contents

第一章 选育品种

第二章 地方品种

第三章 其　他

第一章

选育品种

金丰
Jinfeng

类别：黄皮
分类：芸香科、黄皮属、黄皮种
学名：*Clausena lansium* (Lour.) Skeels

来源

原产于广东省广州市黄埔区，由广东省农业科学院果树研究所通过实生优良单株选育而成。2015 年通过广东省农作物品种审定委员会审定，为广东省农业主导品种。

果穗

主要性状

树形椭圆形，树姿直立，树势强。叶片浓绿，卵形，叶缘波浪状，叶尖急尖，叶基阔楔形。花穗圆锥形，中等大。果实椭圆形或圆卵形，单果重 9.2 ～ 11.9 克；果皮古铜色，无锈，有油胞；果肉蜡白色，肉质细嫩甜酸，风味浓，果汁含量中等；可溶性固形物含量 18.2% ～ 21.6%，可滴定酸含量 0.90% ～ 1.08%，每 100 克果肉含维生素 C 51.1 ～ 65.4 毫克。种子饱满，肾形，种皮绿色，表面光滑。在广州地区成熟期为 6 月下旬至 7 月上旬。

评价

早熟品种，比一般鸡心黄皮早熟 6 天以上。早结，丰产，稳产。果穗成熟度较一致，果实美观，大小均匀。果较大，品质特优，抗逆性强，适应性广。适宜在广东省乃至我国其他黄皮主产地区种植，发展潜力大。

结果状

结果状

果穗

花穗

花

果实发育的不同阶段

果实

金鸡心
Jinjixin

类别：黄皮
分类：芸香科、黄皮属、黄皮种
学名：*Clausena lansium* (Lour.) Skeels

来源

由广州市果树科学研究所通过广州市主栽品种大鸡心黄皮优选而成，2006 年通过广东省农作物品种审定委员会审定，为广东省农业主导品种。

主要性状

树形半圆头形，树姿直立，树势中庸。树皮暗褐色，有纵裂。奇数羽状复叶，小叶阔卵形，主脉和侧脉均突出，叶缘波浪状。花穗圆锥形，雌雄同花，花小，白色，紧凑密集。果实鸡心形或圆卵形，单果重 8 ～ 10 克，果实纵径 2.8 ～ 3.3 厘米，果实横径 2.1 ～ 2.3 厘米，可食率 61.3% ～ 61.7%；果皮古铜色，无锈，有油胞；果肉蜡黄色，肉质细嫩，味甜酸，风味浓，果汁含量多；可溶性固形物含量 17.0% ～ 18.2%，可滴定酸含量 1.02% ～ 1.21%，每 100 克果肉含维生素 C 35.15 ～ 47.67 毫克。种子饱满，肾形，种皮绿色，表面光滑。在广州地区成熟期为 7 月上中旬。

评价

丰产，稳产。果穗成熟度较均匀，大小较一致。果实外观特异性明显，果较大，品质较优，适应性强。是当前广东省发展面积最大的鸡心类黄皮品种。

结果状

结果状

果穗

花穗

花

果实发育的不同阶段

果实

大丰 1 号
Dafeng 1

类别：黄皮
分类：芸香科、黄皮属、黄皮种
学名：*Clausena lansium* (Lour.) Skeels

来源

原产于广东省广州市白云区，由广东省农业科学院果树研究所通过实生单株选育而成。2017 年通过广东省农作物品种审定委员会审定。

主要性状

树形圆头形，树姿较开张，树势中庸。树皮暗褐色，有纵裂。奇数羽状复叶，披针形，叶缘全缘，叶尖渐尖，叶基偏斜形。花穗圆锥形，中等大。果实长心形，单果重 10.0 ～ 11.6 克，果实纵径 2.9 ～ 3.4 厘米，果实横径 2.2 ～ 2.3 厘米，可食率 61.2% ～ 66.1%；果皮黄褐色，有果锈，有油胞；果肉浅橙黄色，肉质细嫩，味甜酸，风味浓，果汁含量多；可溶性固形物含量 17.0% ～ 17.8%，可滴定酸含量 1.07% ～ 1.21%，每 100 克果肉含维生素 C 43.05 ～ 45.37 毫克。种子饱满，肾形或卵形，种皮绿色或黄绿色，表面光滑。在广州地区成熟期为 7 月下旬至 8 月上旬。

评价

晚熟品种，比普通鸡心黄皮迟熟 15 天以上。早结性强，丰产，稳产。果穗成熟度较均匀，大小较一致。果实外观特异性明显、美观，果较大，品质较优，适应性强。适宜在广东省乃至我国其他黄皮主产地区种植，有助于优化品种结构，延长鲜果供应期。

结果状

果穗

花穗

花

果实发育的不同阶段

果实

金球

Jinqiu

类别：黄皮

分类：芸香科、黄皮属、黄皮种

学名：*Clausena lansium* (Lour.) Skeels

来源

由广东省农业科学院果树研究所通过所内试验地中实生优良单株选育而成。2008 年通过广东省农作物品种登记。

主要性状

树形圆头形，树姿开张，分枝多且较短，树势中庸。叶互生，奇数羽状复叶，小叶呈偏斜椭圆形，叶缘全缘，叶尖渐尖，叶基偏斜形。花穗圆锥形，中等大。果实圆形或近圆形，单果重 7.5 ～ 8.8 克，果实纵径 2.4 ～ 2.6 厘米，果实横径 2.3 ～ 2.5 厘米，种子含量 5 粒以上，可食率较低；果皮深黄褐色或古铜色，有果锈，有油胞；果肉蜡白色，肉质细嫩，味酸甜，风味浓，果汁含量多；可溶性固形物含量 17.2% ～ 18.4%，可滴定酸含量 1.29% ～ 1.43%，每 100 克果肉含维生素 C 52.72 ～ 62.43 毫克。种子饱满，肾形，种皮绿色，表面光滑。在广州地区成熟期为 6 月下旬至 7 月上旬。

评价

早熟品种，比普通鸡心黄皮早熟 15 天以上。早结性强，丰产，稳产。果穗紧凑，穗粒数多，大小较一致。品质优，甜酸适中，适应性强。适宜在广东省乃至我国其他黄皮主产地区种植。

结果状

果穗

花穗

花

果实发育的不同阶段

果实

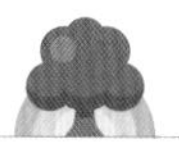

早丰

Zaofeng

类别：黄皮

分类：芸香科、黄皮属、黄皮种

学名：*Clausena lansium* (Lour.) Skeels

来源

原产于广东省云浮市罗定市，由广东省农业科学院果树研究所通过实生优良单株选育而成，2010 年通过广东省农作物品种审定委员会审定。

主要性状

树冠圆头形，树姿开张，树势中庸。树皮淡褐色，光滑。叶互生，奇数羽状复叶；小叶呈阔卵圆形，叶缘全缘，叶尖渐尖，叶基偏斜形，叶片浅内卷。花穗中圆锥形，中等大，花白色，长倒卵形。果实椭圆形，单果重 10.0 ～ 11.3 克，纵径 2.9 ～ 3.1 厘米，横径 2.5 ～ 2.6 厘米，可食率 69% ～ 70%；果皮黄色，有果锈，有油胞；果肉黄色，肉质脆嫩，味清甜，有蜜味，果汁含量多；可溶性固形物含量 15.6% ～ 17.3%，可滴定酸含量 0.10% ～ 0.16%，每 100 克果肉含维生素 C 21.82 ～ 30.45 毫克。种子饱满，卵形，种皮绿色，表面光滑。在广州地区成熟期为 6 月上中旬。

评价

甜黄皮类，极早熟品种，比普通白糖鸡心黄皮早熟 15 天以上。早结，丰产，稳产。果大，果实品质较优，裂果较少。抗病性强，适应性广，为甜黄皮中综合性状较好的品种，发展前景广阔。

结果状

花穗

果穗

花

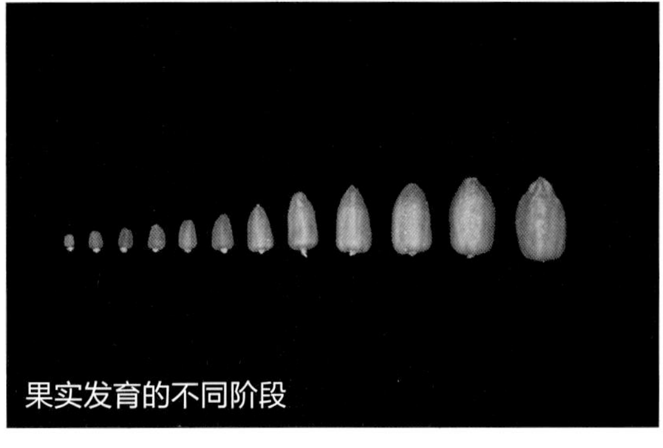
果实发育的不同阶段

果实

从城甜黄皮

Congcheng tian huangpi

类别：黄皮
分类：芸香科、黄皮属、黄皮种
学名：*Clausena lansium* (Lour.) Skeels

来源

原产于广东省广州市从化区街口镇，由从化市农业科技推广中心和广东省农业科学院果树研究所共同选育而成。2008年通过广东省农作物品种审定委员会审定，为广东省从化地区黄皮主栽品种之一。

植株

主要性状

树冠圆头形，树姿开张，树势强壮。树皮淡褐色，光滑。叶为常绿奇数羽状复叶；互生，小叶呈阔卵圆形，叶缘波浪状并具明显的细齿，叶尖渐尖，叶基偏斜形，叶片浅内卷。花穗圆锥形，中等大，花量多，白色，倒卵形。果实近球形，单果重 8.8 ～ 10.2 克，纵径 2.6 ～ 2.8 厘米，横径 2.4 ～ 2.6 厘米，可食率 68.6% ～ 69.2%；果皮黄色，无果锈，有油胞；果肉黄色，肉质脆嫩，味清甜，有蜜味，果汁含量少；可溶性固形物含量 17.2% ～ 17.8%，可滴定酸含量 0.12% ～ 0.17%，每 100 克果肉含维生素 C 32.71 ～ 45.35 毫克。种子饱满，肾形，种皮绿色，表面光滑。在广州地区成熟期为 6 月中下旬。

评价

甜黄皮类，早熟品种。早结，丰产，稳产。果大，坐果率高，粗生易管，适应性、抗逆性强。成熟期遇较多雨水容易裂果，影响果品的商品性和效益。

结果状

花穗

果穗

花

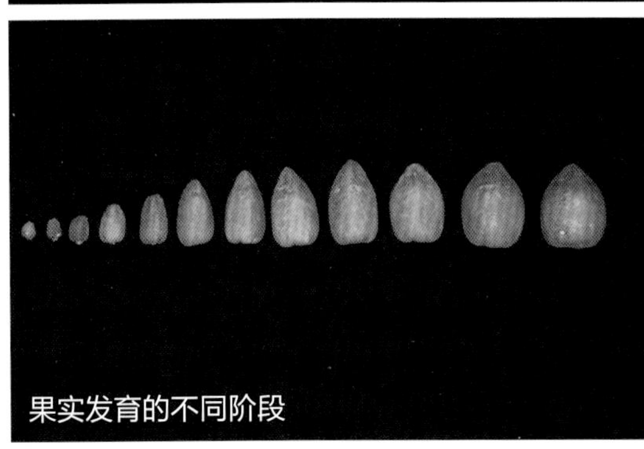
果实发育的不同阶段

果实

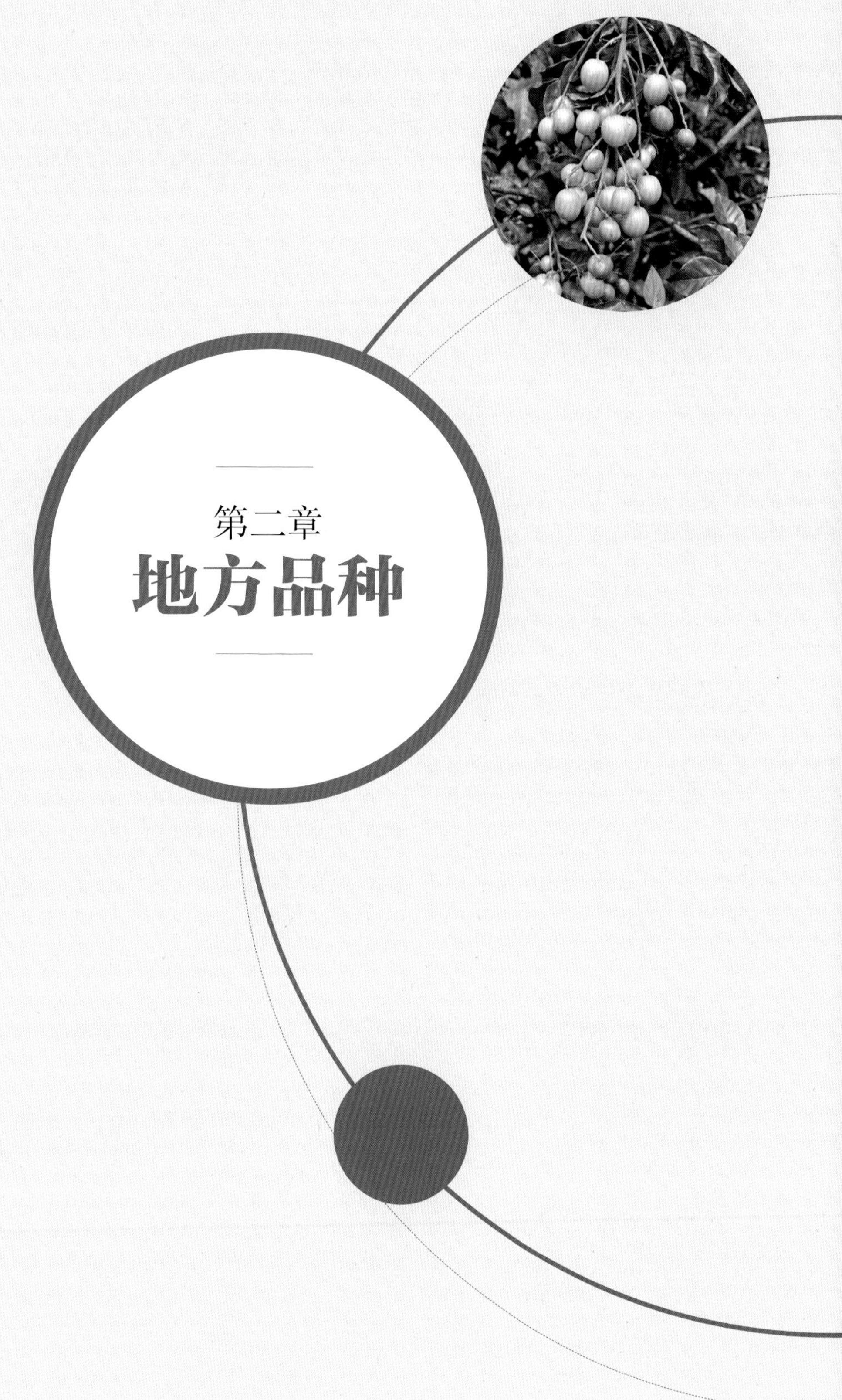

第二章

地方品种

郁南无核
Yunan wuhe

类别：黄皮
分类：芸香科、黄皮属、黄皮种
学名：*Clausena lansium* (Lour.) Skeels

来源

原产于广东省云浮市郁南县建城镇，在 1960 年广东全省水果资源普查时被发现，1986 年被评为广东优质水果，是我国最著名的黄皮地方品种（未经审定），也是我国黄皮种植面积最大的品种。

植株

主要性状

树冠椭圆形，树姿直立，树势强壮。树皮灰黑色，粗糙，有纵裂。叶为常绿奇数羽状复叶；互生，小叶呈长椭圆形，叶缘波浪状并具明显的锯齿状，叶尖渐尖，叶基阔楔形，叶片深内卷。花穗中圆锥形，花穗长，花量多，花蕾大，黄白色，近圆球形。果实圆卵形，单果重 10 克以上，最大单果重可达 29.3 克，纵径 2.8 ～ 3.1 厘米，横径 2.4 ～ 2.5 厘米；单独成片栽种无核率 95% 以上，与普通有核黄皮混栽，无核率则降低至 65%，有核果也仅含 1 粒正常或退化种子，可食率 80% 以上；果皮褐色，无果锈，有油胞；果肉橙红色，肉质结实嫩滑，纤维少，味酸甜，风味浓，果汁含量多；可溶性固形物含量 17.6% ～ 18.8%，可滴定酸含量 1.12% ～ 1.72%，每 100 克果肉含维生素 C 32.51 ～ 43.53 毫克。在广州地区成熟期为 7 月中下旬。

评价

早结，丰产，稳产，但单一品种栽培时坐果率较差，需采用适当的保果措施才能保持丰产。成熟期遇较多雨水容易裂果，鲜食、加工均适宜，商品价值高，粗生易管理，适应性强。

结果状

花穗

果穗

花

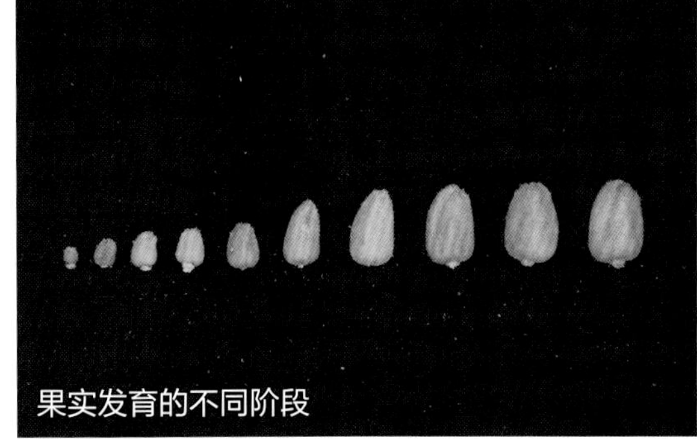
果实发育的不同阶段

果实

阳山独核
Yangshan duhe

类别：黄皮
分类：芸香科、黄皮属、黄皮种
学名：*Clausena lansium* (Lour.) Skeels

来源

原产于广东省清远市阳山县，为地方特色品种，在阳山县种植较多，其他地方鲜有引种。

主要性状

树冠圆头形，树姿开张，树势中庸。树皮深灰褐色，粗糙，有纵裂。叶为常绿奇数羽状复叶；互生，小叶呈卵形，叶缘全缘，叶尖钝尖，叶基阔楔形，叶片浅内卷。花穗中圆锥形，花穗长，花量多，花蕾小，黄白色，倒卵形。果实短椭圆形，果较小，单果重 4.9 ～ 6.2 克，纵径 2.1 ～ 2.3 厘米，横径 1.9 ～ 2.1 厘米；种子 1 ～ 2 粒，无核率 20% ～ 30%，独核率 60% ～ 70%，2 粒种 10%，与普通有核黄皮混栽亦能保持少核性状，可食率 70% 以上；果皮黄褐色，有果锈，有油胞；果肉蜡白色，肉质细嫩，味甜酸，风味浓，果汁含量中等；可溶性固形物含量 17.8% ～ 19.6%，可滴定酸含量 0.90% ～ 1.13%，每 100 克果肉含维生素 C 40.17 ～ 50.73 毫克。在广州地区成熟期为 7 月中下旬。

评价

早结，丰产，稳产。遗传性状稳定，品质优，甜酸可口。但果实较小，商品性差，难以作为商业化品种大面积推广。

结果状

果穗

花穗

花

果实发育的不同阶段

果实

龙山无核
Longshan wuhe

类别：黄皮
分类：芸香科、黄皮属、黄皮种
学名：*Clausena lansium* (Lour.) Skeels

来源

原产于广东省揭阳市揭西县，为地方特色品种，目前在揭西、丰顺等地栽培较多。

主要性状

树冠椭圆形，树姿半开张，树势中庸。树皮深灰褐色，粗糙，有纵裂。叶为常绿奇数羽状复叶；互生，小叶呈长椭圆形，叶缘全缘，叶尖渐尖，叶基偏斜形，叶片浅内卷。花穗中圆锥形，花穗长，花量多，花蕾小，白色、近圆球形。果实圆卵形，单果重 6.2 ～ 9.3 克，纵径 2.5 ～ 2.6 厘米，横径 2 ～ 2.1 厘米；单独种植无核率达 95.6% 以上，与有核黄皮一起种植时，果实有核率达 92.77%，种子 3 ～ 4 粒；果皮浅黄褐色，有果锈，有油胞；果肉蜡白色，肉质细嫩，味酸，风味一般，果汁含量多；可溶性固形物含量 12% ～ 15%，可滴定酸含量 1.32% ～ 1.34%，每 100 克果肉含维生素 C 36.73 ～ 41.57 毫克。在广州地区成熟期为 7 月中下旬。

评价

早结，易成花，坐果率高，花穗大，结果多。要保持无核性状需隔离种植。抗逆性差，果实着色时开始裂果，易感炭疽病，果实商品率低，难以作为商业化品种大面积推广。

结果状

花穗

植株

花

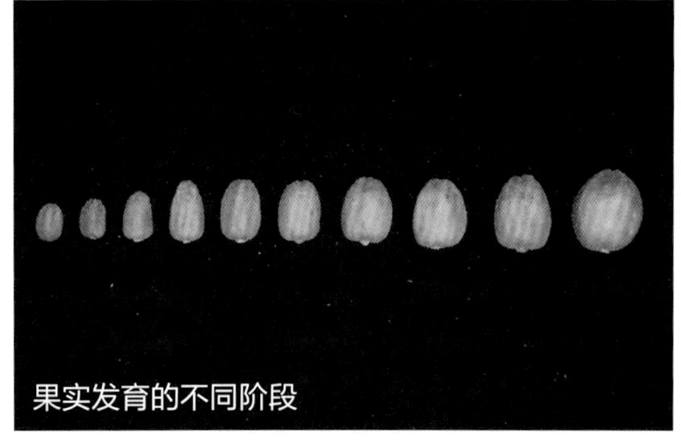
果实发育的不同阶段

果实

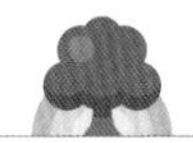

惠良
Huiliang

类别：黄皮
分类：芸香科、黄皮属、黄皮种
学名：*Clausena lansium* (Lour.) Skeels
别名：黑皮、乌皮

来源

原产于广东省潮州市饶平县樟溪镇，是潮州市饶平县黄皮主栽品种之一。

主要性状

树冠椭圆形，树姿直立，树势强。树皮灰褐色，粗糙，有纵裂。叶为常绿奇数羽状复叶；互生，小叶呈长椭圆形，叶缘全缘，叶尖渐尖，叶基偏斜形，叶片深内卷。花穗长圆锥形，花量多，花蕾白色，近圆球形。果实圆卵形，单果重 8.8 ～ 11 克，纵径 2.9 ～ 3.1 厘米，横径 2.3 ～ 2.5 厘米，可食率 58.38% ～ 63.33%；果皮黄褐色或古铜色；果肉蜡黄色，肉质细嫩、滑，甜酸适中，风味浓；可溶性固形物含量 12.0% ～ 15.2%，可滴定酸含量 0.93% ～ 1.42%，每 100 克果肉含维生素 C 26.93 ～ 33.77 毫克。在广州地区成熟期为 6 月上旬至 7 月上旬。

评价

早熟，早结，丰产。果穗成熟度较一致，果实美观，大小均匀，品质较优。抗病性差，果实开始成熟时易感炭疽病。

结果状

果穗

花穗　花　果实发育的不同阶段　果实

二鳌鸡心

Ermou jixin

类别：黄皮
分类：芸香科、黄皮属、黄皮种
学名：*Clausena lansium* (Lour.) Skeels

来源

原产于广东省潮州市饶平县樟溪镇，是潮州市饶平县黄皮主栽品种之一。

主要性状

树冠椭圆形，树姿直立，树势强。树皮灰褐色，粗糙，有纵裂。叶为常绿奇数羽状复叶；互生，小叶呈长椭圆形或卵形，叶缘全缘，叶尖钝尖，叶基偏斜形，叶片浅内卷。花穗中圆锥形，花量多，花蕾黄白色，倒卵形。果实典型鸡心形，单果重 7.0 ～ 8.5 克，纵径 2.8 ～ 3.0 厘米，横径 2.1 ～ 2.3 厘米，可食率 61.33% ～ 65.59%；果皮古铜色；果肉蜡黄色，肉质细嫩，味酸，果汁含量多；可溶性固形物含量 12.2% ～ 13.6%，可滴定酸含量 1.21% ～ 1.43%，每 100 克果肉含维生素 C 26.23 ～ 31.72 毫克。在广州地区成熟期为 6 月下旬至 7 月上旬。

评价

早结，丰产。果实外形特征明显、美观，风味偏酸，鲜食品质一般。抗病性差，果实开始成熟时易感炭疽病。

植株

果穗

花穗

花

果实发育的不同阶段

果实

禄田甜黄皮

Lutian tian huangpi

类别：黄皮
分类：芸香科、黄皮属、黄皮种
学名：*Clausena lansium* (Lour.) Skeels

来源

原产于广东省广州市黄埔区水西村，为地方特色品种。

主要性状

树冠圆头形，树姿开张，树势较弱。树皮淡褐色，粗糙。叶为常绿奇数羽状复叶；互生，小叶呈阔卵圆形，叶缘全缘，叶尖渐尖，叶基偏斜形，叶片浅内卷。花穗疏散形，花白色，倒卵形。果实椭圆形，单果重 7.7 ～ 10.5 克，纵径 2.6 ～ 2.7 厘米，横径 2.3 ～ 2.5 厘米，单一品种种植果实多数为独核，亦有无核，与其他普通有核黄皮混种有核率大大增多，每果种子 3 粒以上，可食率 58.44% ～ 68.57%；果皮黄色；果肉蜡黄色，肉质脆嫩，清甜有蜜味，风味浓，果汁含量较少；可溶性固形物含量 13.6% ～ 17.1%，可滴定酸含量 0.06% ～ 0.11%，每 100 克果肉含维生素 C 34.00 ～ 42.87 毫克。种子饱满，肾形，种皮绿色，表面光滑。在广州地区成熟期为 6 月下旬至 7 月上旬。

评价

甜黄皮类，中熟品种。早结，丰产。抗寒性强，适应性广，品质较优。

结果状

花穗

果穗

花

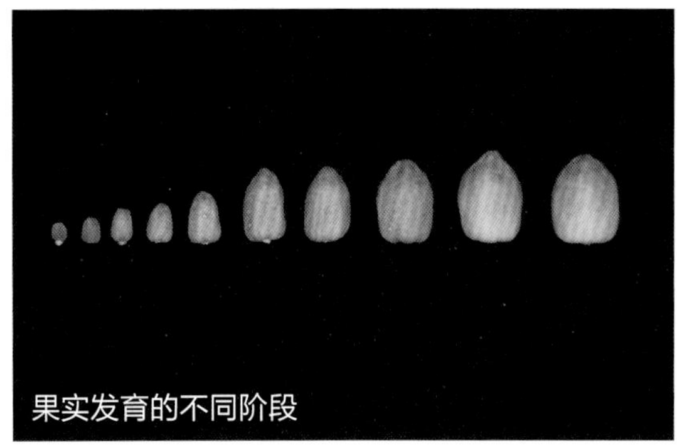
果实发育的不同阶段

果实

白糖
Baitang

类别：黄皮
分类：芸香科、黄皮属、黄皮种
学名：*Clausena lansium* (Lour.) Skeels

来源

原产于广东省广州市市郊，清远、博罗、龙川等地有引种。

主要性状

树冠圆头形，树姿开张，树势中庸。树皮淡褐色，粗糙。叶为常绿奇数羽状复叶；互生，小叶呈卵圆形，较平展，叶缘波浪状，叶尖急尖，叶基楔形。花穗中圆锥形，花白色，近圆球形。果实长心形，单果重6.4～8.1克，纵径2.6～3.0厘米，横径1.9～2.2厘米，可食率54.17%～62.96%；果皮较薄，黄色；果肉蜡白色，肉质脆嫩，清甜，风味较淡，果汁含量较少；可溶性固形物含量14.0%～15.8%，可滴定酸含量0.14%～0.20%，每100克果肉含维生素C 23.25～42.17毫克。种子饱满，肾形，种皮绿色，表面光滑。在广州地区成熟期为7月下旬。

评价

甜黄皮类，迟熟品种。早结性强，稳产性差，易出现大小年。果实品质一般，果实成熟时遇多雨裂果严重，不适宜大面积推广。

结果状

花穗

果穗

花

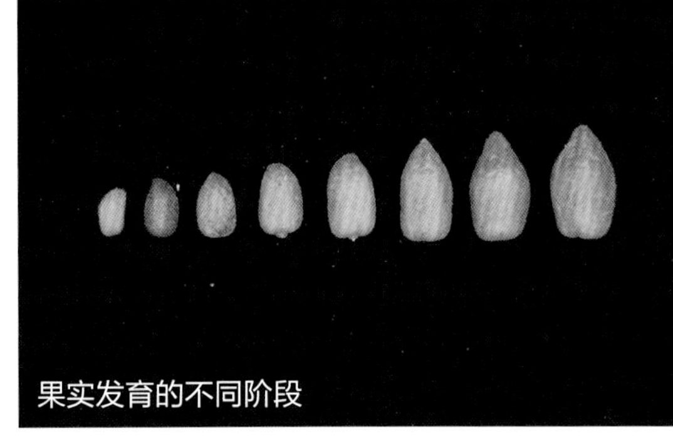
果实发育的不同阶段

果实

风梢 5 号
Fengshao 5

类别：黄皮
分类：芸香科、黄皮属、黄皮种
学名：*Clausena lansium* (Lour.) Skeels

来源

原产于广东省湛江市廉江市河唇镇，是廉江地区近年来种植较多的品种之一。

主要性状

树冠圆头形，树姿直立，树势中庸。树皮淡褐色，粗糙。叶为常绿奇数羽状复叶；互生，小叶呈卵圆形，叶缘波浪状，叶尖渐尖，叶基偏斜形。花穗中圆锥形，花黄白色，近圆球形。果实椭圆形，果较大，单果重 11 克以上，纵径 2.8 ～ 3.0 厘米，横径 2.6 ～ 2.8 厘米，可食率 80% 以上；果皮较薄，黄色，无果锈；果肉蜡白色，肉质紧实脆嫩，味清甜，有蜜味，风味浓，果汁含量较少；可溶性固形物含量 15.8% ～ 17.1%，可滴定酸含量 0.10% ～ 0.17%，每 100 克果肉含维生素 C 27.35 ～ 42.49 毫克。种子饱满，肾形，种皮绿色，表面光滑。在广州地区成熟期为 7 月下旬。

评价

甜黄皮类，迟熟品种。早结，丰产，稳产。品质较优，抗逆性强，适应性广。果实成熟时遇多雨裂果严重。

结果状

植株

果穗

花穗

花

果实发育的不同阶段

果实

早熟鸡心

Zaoshu jixin

类别：黄皮
分类：芸香科、黄皮属、黄皮种
学名：*Clausena lansium* (Lour.) Skeels

来源

原产于广东省广州市从化区，是目前广州市从化区黄皮主栽品种之一。

主要性状

树冠椭圆形，树姿半开张，树势中庸。树皮灰褐色，粗糙。叶为常绿奇数羽状复叶；互生，小叶呈卵圆形，叶缘全缘，叶尖钝尖，叶基偏斜形，浅内卷。花穗中圆锥形，花白色，倒卵形。果实长心形，单果重 7.8 ～ 9.5 克，纵径 2.9 ～ 3.1 厘米，横径 2.2 ～ 2.4 厘米，可食率 54.52% ～ 62.77%；果皮黄褐色，完全成熟时呈古铜色，有果锈；果肉细嫩，味甜酸，风味浓，果汁含量中等；可溶性固形物含量 16.2% ～ 18.2%，可滴定酸含量 1.01% ～ 1.31%，每 100 克果肉含维生素 C 46.93 ～ 61.59 毫克。种子饱满，卵形，种皮绿色，表面光滑。在广州地区成熟期为 6 月中下旬。

评价

鸡心类黄皮中极早熟品种。早结，丰产，稳产。品质较优，抗逆性强，适应性广。

结果状

果穗

花穗

花

果实发育的不同阶段

果实

大果鸡心
Daguo jixin

类别：黄皮
分类：芸香科、黄皮属、黄皮种
学名：*Clausena lansium* (Lour.) Skeels

来源

原产于广西壮族自治区，南宁地区有零散栽培。

主要性状

树冠椭圆形，树姿半开张，树势强。树皮灰褐色，粗糙。叶为常绿奇数羽状复叶；互生，小叶呈长椭圆形或披针形，叶缘波浪状，叶尖渐尖，叶基偏斜形，浅内卷。花穗短圆锥形或疏散形，花白色，近圆球形。果实长心形，果特大，单果重 13.26 ～ 14.85 克，纵径 3.3 ～ 3.5 厘米，横径 2.6 ～ 2.7 厘米，可食率 63.46% ～ 76.23%；果皮黄褐色，有果锈；果肉浅橙红色，果肉松散，味酸甜，风味一般，果汁含量多；可溶性固形物含量 12.3% ～ 16.0%，可滴定酸含量 1.16% ～ 1.28%，每 100 克果肉含维生素 C 38.63 ～ 41.23 毫克。种子饱满，卵形，种皮绿色，表面光滑。在广州地区成熟期为 7 月中下旬。

评价

大果型鸡心黄皮类，果肉具有特殊色泽，丰产性、抗病性一般，品质一般，可作为杂交亲本用于后续品种改良。

植株

果穗

花穗

花

果实发育的不同阶段

果实

大牛心
Daniuxin

类别：黄皮
分类：芸香科、黄皮属、黄皮种
学名：*Clausena lansium* (Lour.) Skeels

来源

原产于广东省广州市海珠区，因果大如牛心而得名，广东省各黄皮产区有零星引种。

主要性状

树冠椭圆形，树姿半开张，树势中庸。树皮灰褐色，粗糙。叶为常绿奇数羽状复叶；互生，小叶呈卵形或阔卵形，黄绿色，叶缘锯齿状，叶尖渐尖，叶基偏斜形，浅内卷。花穗中圆锥形，花黄白色，近圆球形。果实圆卵形，单果重 9.5 ～ 13.1 克，纵径 3.0 ～ 3.3 厘米，横径2.2～2.6厘米，可食率56.25%～66.67%；果皮黄褐色，有果锈；果肉蜡白色，肉质细嫩，风味浓，果汁含量多；可溶性固形物含量 12.0% ～ 14.2%，可滴定酸含量 1.10% ～ 1.24%，每 100 克果肉含维生素 C 37.13 ～ 47.93 毫克。种子饱满，棒状，种皮绿色，表面光滑。在广州地区成熟期为 7 月下旬。

评价

迟熟品种。丰产、稳产性较好。果穗较大，成熟度不一致。果实风味偏酸，鲜食品质较差。

结果状

花穗

果穗

花

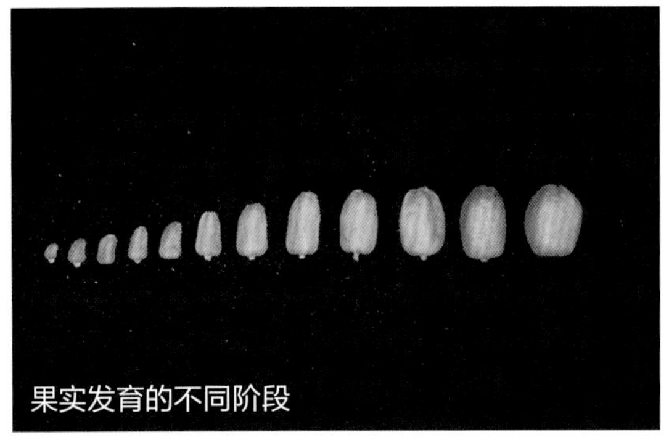
果实发育的不同阶段

果实

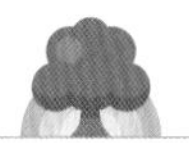

鸡子皮

Jizipi

类别：黄皮
分类：芸香科、黄皮属、黄皮种
学名：*Clausena lansium* (Lour.) Skeels

来源

原产于广东省广州市海珠区，因果实如公鸡特有的“鸡子”而得名，广东省各黄皮主产区有零星引种。

主要性状

树冠椭圆形，树姿半开张，树势中庸。树皮深灰褐色，粗糙。叶为常绿奇数羽状复叶；互生，小叶呈卵形或阔卵形，绿色，叶缘波浪状，叶尖渐尖，叶基偏斜形，浅内卷。花穗短圆锥形，花白色，近圆球形。果实短椭圆形，单果重 9.2 ～ 9.5 克，纵径 2.7 ～ 2.8 厘米，横径 2.3 ～ 2.4 厘米，可食率 63.29% ～ 67.37%；果皮浅橙黄色，无果锈；果肉蜡白色，肉质细嫩，风味浓，果汁含量多；可溶性固形物含量 15.4% ～ 16.3%，可滴定酸含量 1.26% ～ 1.51%，每 100 克果肉含维生素 C 41.05 ～ 57.38 毫克。种子饱满，肾形，种皮绿色，表面光滑。在广州地区成熟期为 7 月下旬。

评价

迟熟品种。丰产、稳产性较好。果实风味偏酸，鲜食品质一般。

结果状

果穗

花穗

花

果实发育的不同阶段

果实

水西鸡心

Shuixi jixin

类别：黄皮

分类：芸香科、黄皮属、黄皮种

学名：*Clausena lansium* (Lour.) Skeels

来源

原产于广东省广州市黄埔区水西村，广州市有零星栽培。

主要性状

树冠圆头形，树姿开张，树势强。树皮深灰褐色，粗糙。叶为常绿奇数羽状复叶；互生，小叶呈长椭圆形或卵形，绿色，叶缘全缘，叶尖渐尖，叶基偏斜形，浅内卷。花穗中圆锥形，花白色，近圆球形。果实椭圆鸡心形，果较大，单果重 10 克以上，纵径 3.1 ～ 3.3 厘米，横径 2.3 ～ 2.5 厘米，可食率 62.04% ～ 65.60%；果皮深黄褐色或古铜色，无果锈；果肉蜡白色，肉质细嫩，风味浓，果汁含量多；可溶性固形物含量 17.2% ～ 20.3%，可滴定酸含量 0.91% ～ 1.04%，每 100 克果肉含维生素 C 44.05 ～ 54.84 毫克。种子饱满，卵形，种皮黄绿色，表面光滑。在广州地区成熟期为 7 月上旬。

评价

早结，丰产，稳产。甜酸适中、可口，鲜食品质较优。

结果状

花穗

果穗

果穗

花

果实发育的不同阶段

果实

长鸡心

Changjixin

类别：黄皮
分类：芸香科、黄皮属、黄皮种
学名：*Clausena lansium* (Lour.) Skeels

来源

原产于广东省广州市，广东省各黄皮产区多有引种。

主要性状

树冠椭圆形，树姿半开张，树势中庸。树皮深灰褐色，粗糙。叶为常绿奇数羽状复叶；互生，小叶呈卵形或阔卵形，黄绿色，叶缘波浪状，叶尖渐尖，叶基偏斜形，浅内卷。花穗中圆锥形，花白色，近圆球形。果实长心形，单果重 8.5 ～ 10.7 克，纵径 3.2 ～ 3.4 厘米，横径 2.2 ～ 2.3 厘米，可食率 57.94% ～ 62.89%；果皮深黄褐色，有果锈；果肉浅橙黄色，肉质细嫩，味甜酸，风味浓，果汁含量多；可溶性固形物含量 17.0% ～ 18.6%，可滴定酸含量 0.92% ～ 1.15%，每 100 克果肉含维生素 C 36.33 ～ 48.53 毫克。种子饱满，卵形，种皮绿色，表面光滑。在广州地区成熟期为 7 月下旬。

评价

迟熟鸡心类品种。丰产，稳产。甜酸适中、可口，鲜食品质优。

结果状

花穗

果穗

花

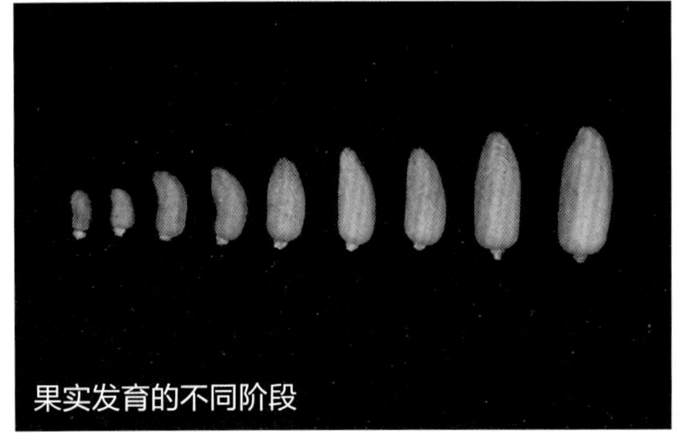
果实发育的不同阶段

果实

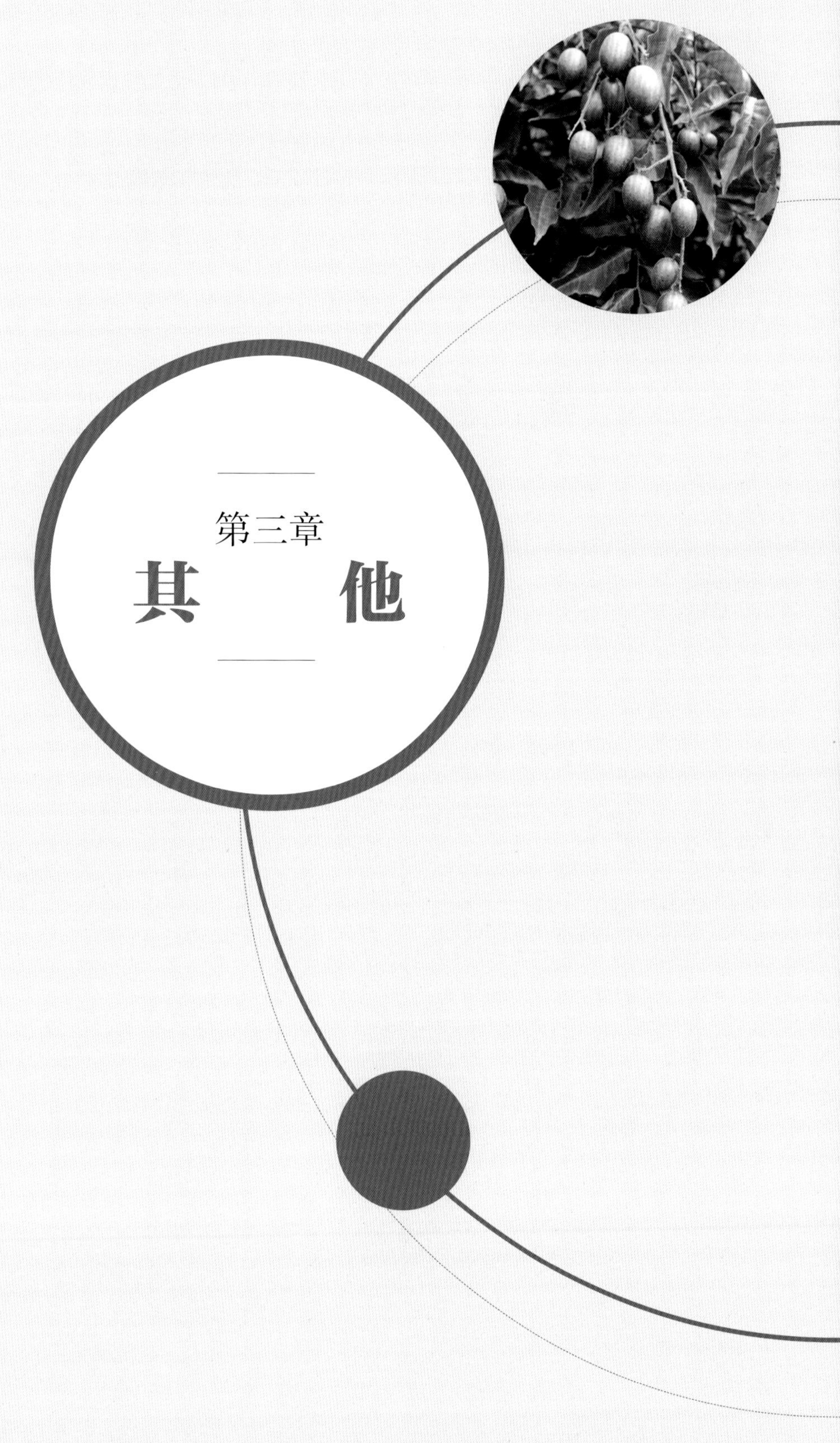

第三章
其　他

迟熟甜皮
Chishu tianpi

类别：黄皮
分类：芸香科、黄皮属、黄皮种
学名：*Clausena lansium* (Lour.) Skeels

来源

出自广东省农业科学院果树研究所黄皮种质资源圃，实生单株。

主要性状

树冠伞形，树姿开张，树势中庸。果实圆卵形，单果重 9.7 ～ 11.9 克，纵径 3.0 ～ 3.3 厘米，横径 2.3 ～ 2.5 厘米，可食率 64.89% ～ 60.59%；果皮浅黄色，无果锈，有油胞；果肉黄色，肉质脆嫩，风味浓，果汁含量中等；可溶性固形物含量 11.4% ～ 15.2%，可滴定酸含量 0.091% ～ 0.214%，每 100 克果肉含维生素 C 18.45 ～ 24.54 毫克。种子不饱满，卵形，种皮黄绿色，表面光滑。在广州地区成熟期为 7 月下旬。

评价

甜黄皮类迟熟种质。果大、品质中等，容易裂果，产量低。

结果状

植株

果穗

果穗
花
果实发育的不同阶段
果实

小果甜圆皮

Xiaoguo tian yuanpi

类别：黄皮

分类：芸香科、黄皮属、黄皮种

学名：*Clausena lansium* (Lour.) Skeels

来源

原产于广东省广州市白云区大岭山村，周边地区有零星栽培。

主要性状

树冠椭圆形，树姿直立，树势较弱。果实圆球形或近球形，单果重4.0～5.6克，纵径2.0～2.3厘米，横径1.8～2.0厘米，可食率54.35%～57.46%；果皮黄色，无果锈，果肉蜡黄色，肉质细嫩，味清甜，风味淡，果汁含量少；可溶性固形物含量14.6%～16.3%，可滴定酸含量0.102%～0.138%，每100克果肉含维生素C 22.56～38.42毫克。种子不饱满，细卵形，种皮黄绿色，表面光滑。在广州地区成熟期为7月上中旬。

评价

甜黄皮类种质。果实较小，产量一般，易裂果，品质中等。

枝叶

植株

枝叶

花

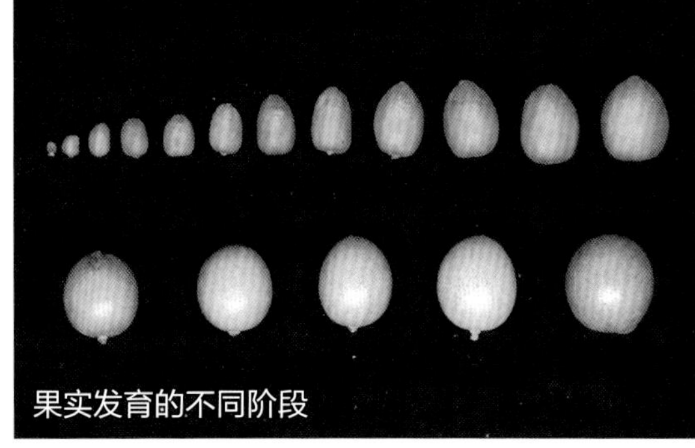
果实发育的不同阶段

果实

实生鸡心1号

Shisheng jixin 1

类别：黄皮
分类：芸香科、黄皮属、黄皮种
学名：*Clausena lansium* (Lour.) Skeels

来源

出自广东省农业科学院果树研究所黄皮种质资源圃，实生单株。

主要性状

树冠伞形，树姿开张，分枝多，树势中庸。果实鸡心形，单果重 7.9 ～ 9.3 克，纵径 3.0 ～ 3.1 厘米，横径 2.0 ～ 2.2 厘米，可食率 63.95% ～ 70.56%；果皮黄褐色，有果锈；果肉蜡白色，肉质细嫩，味甜酸，风味浓，果汁含量中等；可溶性固形物含量 17.4% ～ 19.8%，可滴定酸含量 0.886% ～ 1.031%，每 100 克果肉含维生素 C 42.00 ～ 66.23 毫克。种子饱满，肾形，种皮黄绿色，表面光滑。在广州地区成熟期为 7 月上中旬。

评价

果穗成熟度较均匀，鲜食品质较优，丰产性较好。

结果状

植株

果穗

花穗

花

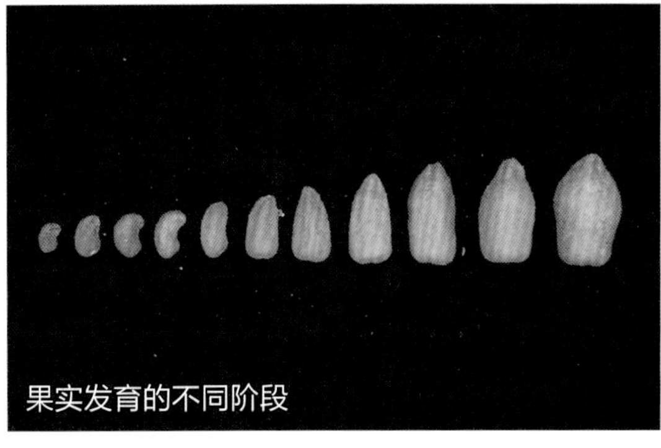
果实发育的不同阶段

果实

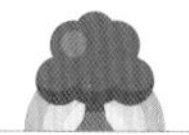

实生鸡心2号

Shisheng jixin 2

类别：黄皮

分类：芸香科、黄皮属、黄皮种

学名：*Clausena lansium* (Lour.) Skeels

来源

出自广东省农业科学院果树研究所黄皮种质资源圃，实生单株。

主要性状

树冠椭圆形，树姿直立，树势弱。果实圆卵形，单果重 7.3 ～ 8.6 克，纵径 2.7 ～ 2.8 厘米，横径 2.1 ～ 2.3 厘米，可食率 50.68% ～ 59.49%；果皮黄褐色，无果锈；果肉浅橙黄色，肉质细嫩，味甜酸，风味淡，果汁含量中等；可溶性固形物含量 14.6% ～ 15.2%，可滴定酸含量 0.863% ～ 1.072%，每 100 克果肉含维生素 C 40.25 ～ 59.45 毫克。种子不饱满，肾形，种皮黄绿色，表面光滑。在广州地区成熟期为 7 月中下旬。

评价

丰产性一般，果实品质较优。

枝叶

植株

果穗

花穗

果实发育的不同阶段

花

果实

3cm

鹰嘴
Yingzui

类别：黄皮
分类：芸香科、黄皮属、黄皮种
学名：*Clausena lansium* (Lour.) Skeels

来源

原产于广东省广州市，实生单株。

主要性状

树冠圆头形，树姿半开张，树势强。果实长心形，果基有明显尖突，形似鹰嘴，单果重 8.7 ～ 9.7 克，纵径 3.0 ～ 3.2 厘米，横径 2.1 ～ 2.2 厘米，可食率 58.09% ～ 60.82%；果皮黄褐色，有果锈；果肉浅橙黄色，肉质细嫩，味酸甜，风味浓，果汁含量少；可溶性固形物含量 16.8% ～ 17.6%，可滴定酸含量 0.983% ～ 1.141%，每 100 克果肉含维生素 C 48.54 ～ 54.76 毫克。种子不饱满，肾形，种皮黄绿色，表面光滑。在广州地区成熟期为 7 月中旬。

评价

果形特异，风味偏酸，丰产性一般。

结果状

植株

果穗

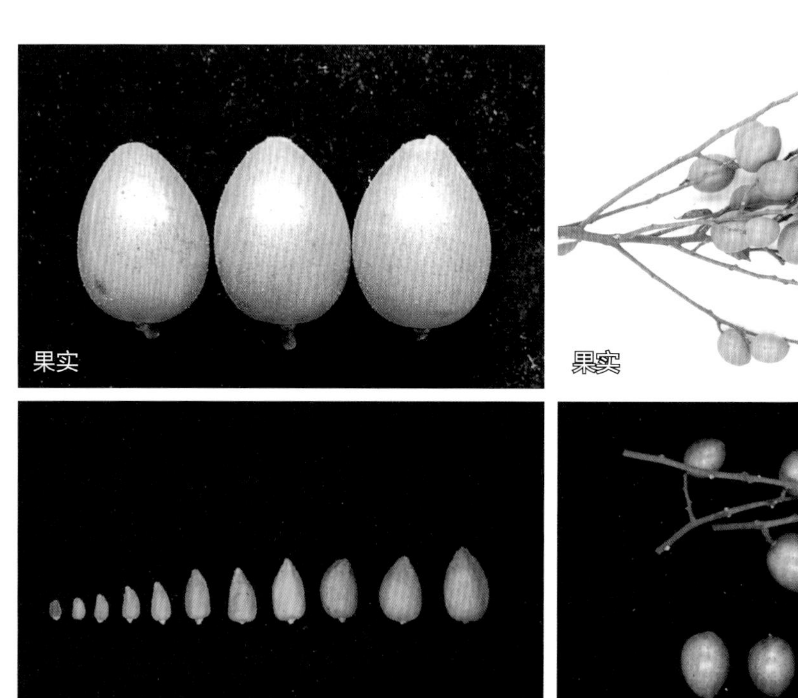
果实

果实

果实发育的不同阶段

果实

清远鸡心

Qingyuan jixin

类别：黄皮
分类：芸香科、黄皮属、黄皮种
学名：*Clausena lansium* (Lour.) Skeels

来源

原产于广东省清远市清城区，清城区周边有零星栽培。

主要性状

树冠圆头形，树姿半开张，树势中庸。果实长心形，单果重 8.3 ～ 8.7 克，纵径 3.1 ～ 3.2 厘米，横径 2.1 ～ 2.2 厘米，可食率 59.77% ～ 64.17%；果皮深黄褐色，无果锈；果肉蜡白色，肉质细嫩，味甜酸，风味浓，果汁含量多；可溶性固形物含量 13.6% ～ 15.4%，可滴定酸含量 0.783% ～ 0.967%，每 100 克果肉含维生素 C 46.85 ～ 56.48 毫克。种子饱满，肾形或卵形，种皮黄绿色，表面光滑。在广州地区成熟期为 7 月中旬。

评价

果形美观，甜酸适中，鲜食品质较优，丰产性一般。

结果状

果穗

果实

果实发育的不同阶段

花

果实

萝岗独核

Luogang duhe

类别：黄皮
分类：芸香科、黄皮属、黄皮种
学名：*Clausena lansium* (Lour.) Skeels

来源

原产于广东省广州市黄埔区，黄埔区周边有零星栽培。

主要性状

树冠圆头形，树姿开张，树势较弱。果实鸡心形，单果重 8.3 ～ 9.0 克，纵径 2.6 ～ 2.7 厘米，横径 2.4 ～ 2.5 厘米，单一品种种植果实多数为独核，与其他普通有核黄皮混种有核率大大增多，可食率 57.35% ～ 65.58%；果皮黄色；果肉蜡白色，肉质脆嫩，清甜有蜜味，风味浓，果汁含量较少；可溶性固形物含量 13.2% ～ 15.4%，可滴定酸含量 0.08% ～ 0.12%，每 100 克果肉含维生素 C 31.20 ～ 40.78 毫克。种子饱满，肾形，种皮绿色，表面光滑。在广州地区成熟期为 6 月下旬至 7 月上旬。

评价

甜黄皮类，中熟品种。品质较优、抗逆性强。

结果状

植株

果穗

花

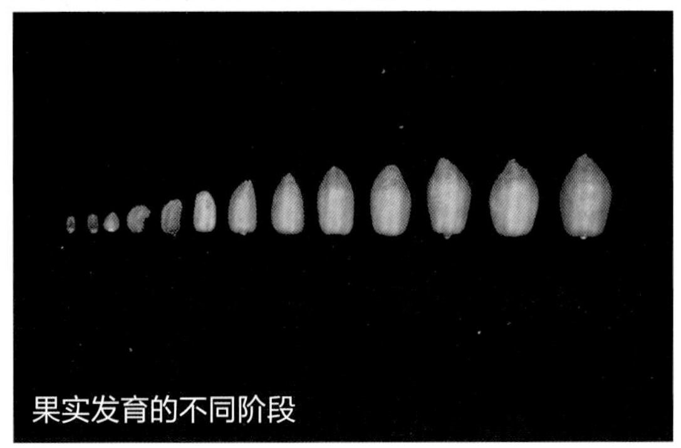
果实发育的不同阶段

果实

金手指

Jinshouzhi

类别：黄皮

分类：芸香科、黄皮属、黄皮种

学名：*Clausena lansium* (Lour.) Skeels

来源

出自广东省农业科学院果树研究所黄皮种质资源圃，为实生单株，广东省云浮市郁南县、广东省广州市从化区等地有零星引种。

主要性状

树冠椭圆形，树姿直立，树势中庸。果实椭圆形，手指状，因而命名“金手指”；单果重7.8～9.3克，纵径2.7～2.8厘米，横径2.2～2.4厘米，可食率60.12%～64.01%；果皮黄褐色，完全成熟时呈古铜色，有果锈；果肉蜡白色，味甜酸，肉质细嫩，风味浓，果汁含量多，可溶性固形物含量18.2%～20.0%，可滴定酸含量0.978%～1.132%，每100克果肉含维生素C 34.85～51.18毫克。种子饱满，卵形，种皮黄绿色，表面光滑。在广州地区成熟期为7月上中旬。

评价

果实美观，品质优等，甜酸适中，果穗成熟度较一致，丰产性一般。

果穗

植株

果穗

花

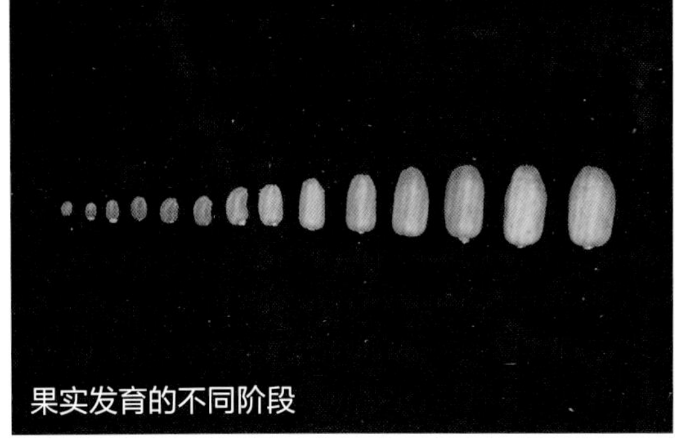
果实发育的不同阶段

果实

广州大鸡心
Guangzhou dajixin

类别：黄皮
分类：芸香科、黄皮属、黄皮种
学名：*Clausena lansium* (Lour.) Skeels

原产于广东省广州市海珠区，广州市有零星栽培。

主要性状

树冠椭圆形，树姿半开张，树势中庸。果实鸡心形，果顶尖圆，单果重 7.8 ～ 8.7 克，纵径 3.0 ～ 3.1 厘米，横径 2.2 ～ 2.5 厘米，可食率 60.10% ～ 66.67%；果皮黄褐色，有果锈；果肉蜡白色，肉质细嫩，味甜酸，风味浓，果汁含量多；可溶性固形物含量 18.3% ～ 20.2%，可滴定酸含量 1.143% ～ 1.631%，每 100 克果肉含维生素 C 36.48 ～ 44.51 毫克。种子不饱满，卵形，种皮黄绿色，表面光滑。在广州地区成熟期为 7 月上中旬。

评价

易成花，抗逆性强，丰产性一般，鲜食品质较优。

结果状

果穗

果穗

花

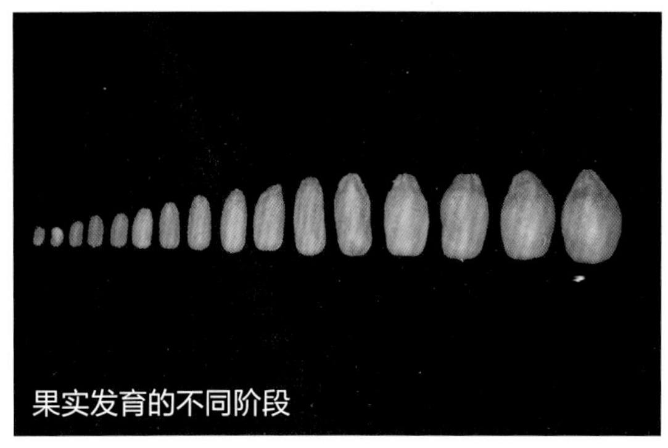
果实发育的不同阶段

果实

迟熟鸡心

Chishu jixin

类别：黄皮
分类：芸香科、黄皮属、黄皮种
学名：*Clausena lansium* (Lour.) Skeels

来源

出自广东省农业科学院果树研究所黄皮种质资源圃，从大鸡心黄皮实生后代中发现的优良单株。

主要性状

树冠伞形，树姿开张，树势中庸。果实鸡心形，果顶尖圆，单果重 7.00 ～ 8.05 克，纵径 3.0 ～ 3.1 厘米，横径 2.1 ～ 2.2 厘米，可食率 60.07% ～ 69.43%；果皮深黄褐色或红褐色，有果锈；果肉浅橙黄色，肉质细嫩，味甜酸，风味浓，果汁含量中等；可溶性固形物含量 19.6% ～ 22.3%，可滴定酸含量 0.113% ～ 1.421%，每 100 克果肉含维生素 C 38.85 ～ 48.96 毫克。种子不饱满，卵形，种皮黄绿色，表面光滑。在广州地区成熟期为 7 月下旬至 8 月上旬。

评价

迟熟品种。丰产，品质优良，抗逆性强。

结果状

植株

果穗

花

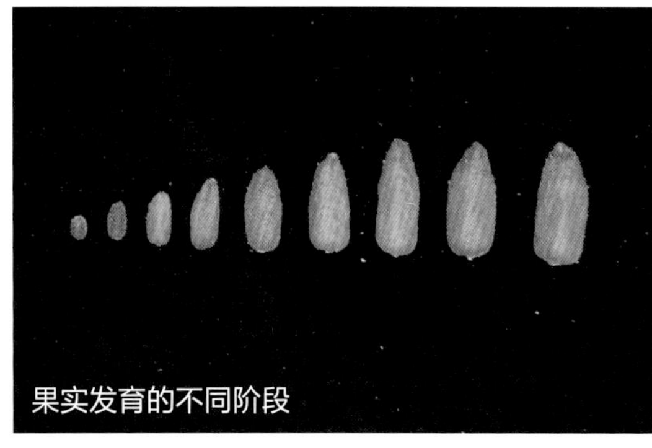
果实发育的不同阶段

果实

从城鸡心
Congcheng jixin

类别：黄皮
分类：芸香科、黄皮属、黄皮种
学名：*Clausena lansium* (Lour.) Skeels

来源

原产于广东省广州市从化区，广州市从化区有零星栽培。

主要性状

树冠圆头形，树姿半开张，树势强。果实圆卵形，果顶钝圆，单果重 8.5 ～ 9.8 克，纵径 2.8 ～ 3.0 厘米，横径 2.0 ～ 2.2 厘米，可食率 62.77% ～ 68.19%；果皮黄褐色，无果锈；果肉蜡黄色，肉质细嫩，味甜酸，风味浓，果汁含量多；可溶性固形物含量 20.0% ～ 21.7%，可滴定酸含量 0.823% ～ 1.186%，每 100 克果肉含维生素 C 44.12 ～ 56.78 毫克。种子饱满，肾形，种皮绿色，表面光滑。在广州地区成熟期为 7 月下旬。

评价

较迟熟。早结，丰产，品质优良。

结果状

果穗

花

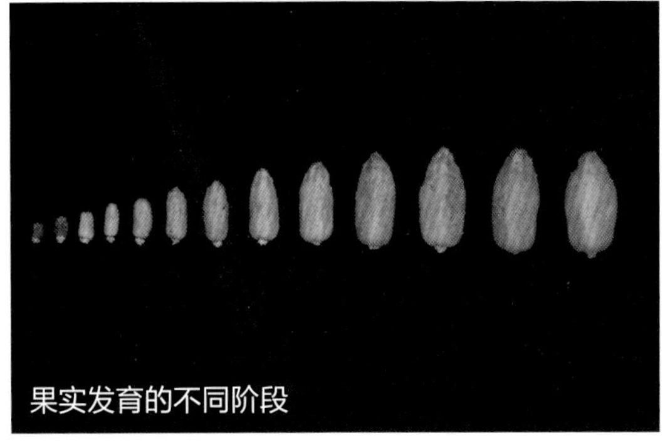
果实发育的不同阶段

果实

广西鸡心
Guangxi jixin

类别：黄皮
分类：芸香科、黄皮属、黄皮种
学名：*Clausena lansium* (Lour.) Skeels

来源

原产于广西壮族自治区南宁市八桂田园，由广东省农业科学院果树研究所引回所内黄皮种质资源圃保存。

主要性状

树冠椭圆形，树姿较直立，树势中等。果实圆卵形，果顶钝圆或浑圆，单果重 6.7 ～ 9.2 克，纵径 2.6 ～ 2.9 厘米，横径 1.9 ～ 2.2 厘米，可食率 61.33% ～ 64.52%；果皮深黄褐色或古铜色，有果锈；果肉浅蜡黄色，肉质细嫩，味酸中带甜，风味浓，果汁含量多；可溶性固形物含量 13.2% ～ 16.0%，可滴定酸含量 1.043% ～ 1.126%，每 100 克果肉含维生素 C 26.228 ～ 44.351 毫克。种子饱满，卵形，种皮绿色，表面光滑。在广州地区成熟期为 7 月上中旬。

评价

易成花，易坐果，早结，丰产，稳产，果实品质一般。

结果状

植株

果穗

花

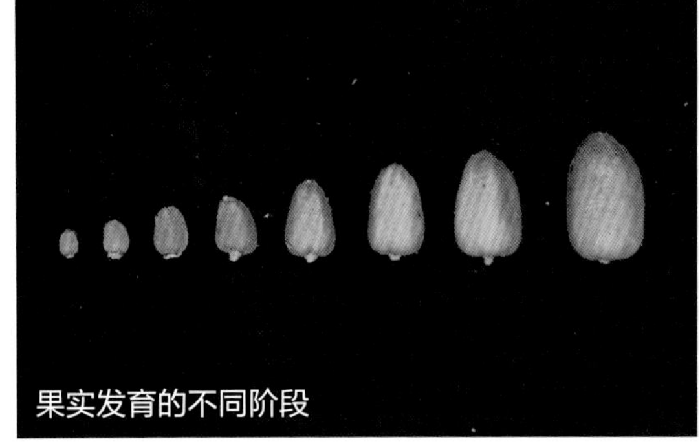
果实发育的不同阶段

果实

广西甜皮

Guangxi tianpi

类别：黄皮

分类：芸香科、黄皮属、黄皮种

学名：*Clausena lansium* (Lour.) Skeels

来源

原产于广西壮族自治区南宁市八桂田园，由广东省农业科学院果树研究所引回所内黄皮种质资源圃保存。

主要性状

树冠伞形，树姿开张，树势弱。果实圆卵形，单果重 7.3 ～ 8.6 克，纵径 2.5 ～ 2.7 厘米，横径 2.2 ～ 2.3 厘米，可食率 61.27% ～ 66.34%；果皮黄色，有果锈；果肉蜡黄色，肉质脆嫩，味清甜，风味浓，果汁含量少；可溶性固形物含量 16.8% ～ 19.2%，可滴定酸含量 0.147% ～ 0.195%，每 100 克果肉含维生素 C 23.12 ～ 36.95 毫克。种子不饱满，卵形，种皮绿色，表面光滑。在广州地区成熟期为 7 月上旬。

评价

甜黄皮类种质，品质优，丰产性较差，易出现大小年结果。

植株

果穗

花

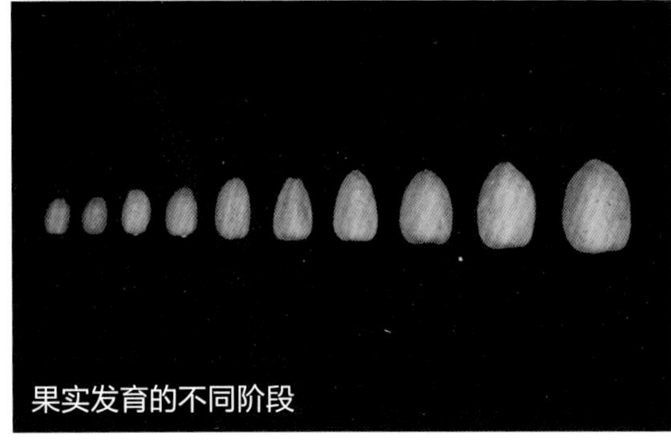
果实发育的不同阶段

果实

早熟鸡心2号
Zaoshu jixin 2

类别：黄皮
分类：芸香科、黄皮属、黄皮种
学名：*Clausena lansium* (Lour.) Skeels

来源

出自广东省农业科学院果树研究所黄皮种质资源圃，为实生单株。

主要性状

树冠圆头形，树姿开张，树势中庸。果实圆卵形，果顶钝圆，单果重 7.2 ～ 9.3 克以上，纵径 2.7 ～ 3.0 厘米，横径 2.0 ～ 2.3 厘米，可食率 64.52% ～ 68.73%；果皮古铜色，有果锈；果肉蜡黄色，肉质细嫩，味甜酸，风味浓，果汁含量中等；可溶性固形物含量 18.2% ～ 22.3%，可滴定酸含量 0.841% ～ 0.952%，每 100 克果肉含维生素 C 42.92 ～ 60.64 毫克。种子不饱满，肾形或卵形，种皮黄绿色，表面光滑。在广州地区成熟期为 7 月上旬。

评价

早结，丰产，稳产，较早熟。果实品质优，抗逆、抗病性强。

结果状

果穗

花

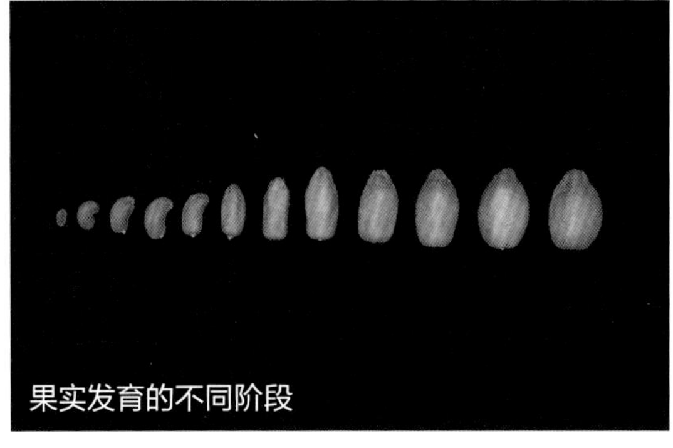
果实发育的不同阶段

果实

广西水晶

Guangxi shuijing

类别：黄皮

分类：芸香科、黄皮属、黄皮种

学名：*Clausena lansium* (Lour.) Skeels

来源

出自广西壮族自治区农业科学院园艺研究所，由广东省农业科学院果树研究所引回所内黄皮种质资源圃保存。

主要性状

树冠椭圆形，树姿开张，树势弱。果实近球形或圆卵形，单果重6.4～7.2克，纵径2.2～2.3厘米，横径2.0～2.1厘米，可食率64.71%～70.90%；果皮黄色，无果锈；果肉蜡黄色，肉质脆嫩，味清甜，风味浓，果汁含量中等；可溶性固形物含量15.8%～17.4%，可滴定酸含量0.088%～0.103%，每100克果肉含维生素C 24.36～36.43毫克。种子饱满，卵形，种皮黄绿色，表面光滑。在广州地区成熟期为7月中旬。

评价

甜黄皮类较迟熟种质。丰产性较好，果实品质中等偏上，抗逆性较差。

枝叶

花穗

果穗

花

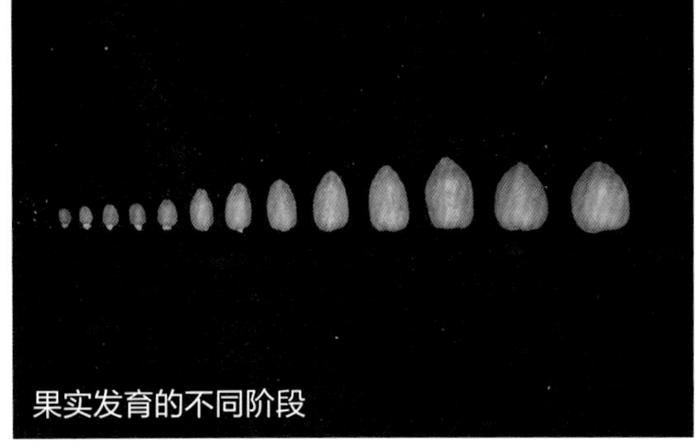
果实发育的不同阶段

果实

黄埔甜皮

Huangpu tianpi

类别：黄皮
分类：芸香科、黄皮属、黄皮种
学名：*Clausena lansium* (Lour.) Skeels

来源

原产于广东省广州市黄埔区，为实生单株，由广东省农业科学院果树研究所引回所内黄皮种质资源圃保存。

主要性状

树冠伞形，树姿直立，树势强。果实圆卵形，单果重7.8～8.3克，纵径2.6～2.8厘米，横径2.2～2.4厘米，可食率60.37%～67.82%；果皮深黄色，无果锈；果肉蜡黄色，肉质脆嫩，味清甜，风味偏淡，果汁含量少；可溶性固形物含量14.0%～15.4%，可滴定酸含量0.168%～0.203%，每100克果肉含维生素C 20.62～35.35毫克。种子饱满，肾形，种皮绿色，表面光滑。在广州地区成熟期为7月上旬。

评价

甜黄皮类种质，果实品质中等。长势强，冬季易冲梢而影响成花，丰产性差。

植株

果穗

果穗

花

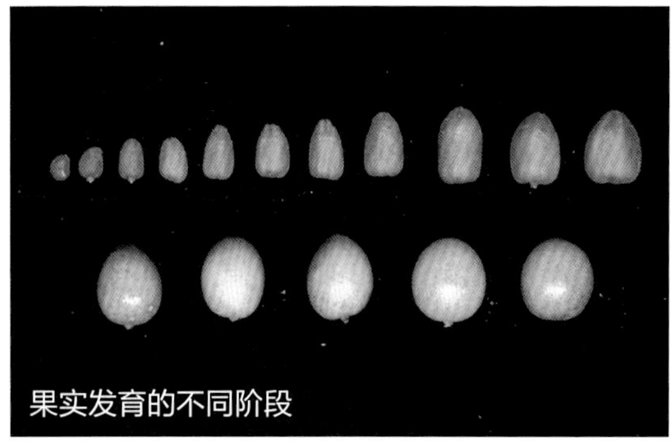

果实发育的不同阶段

果实

广西小果

Guangxi xiaoguo

类别：黄皮

分类：芸香科、黄皮属、黄皮种

学名：*Clausena lansium* (Lour.) Skeels

来源

出自广西壮族自治区热带作物研究所，由广东省农业科学院果树研究所引回所内黄皮种质资源圃保存。

主要性状

树冠椭圆形，树姿半开张，树势强。果实圆卵形，果顶钝圆，单果重 4.8 ～ 5.4 克，纵径 2.2 ～ 2.3 厘米，横径 2.0 ～ 2.1 厘米，可食率 54.64% ～ 57.88%；果皮深黄褐色或古铜色，有果锈；果肉蜡白色，肉质细嫩，味酸甜，风味浓，果汁含量中等；可溶性固形物含量 14.8% ～ 18.0%，可滴定酸含量 1.116% ～ 1.363%，每 100 克果肉含维生素 C 36.75 ～ 56.90 毫克。种子饱满，卵形，种皮黄绿色，表面光滑。在广州地区成熟期为 7 月上中旬。

评价

小果型种质，果实品质中等，丰产性一般。

结果状

植株

果穗

花

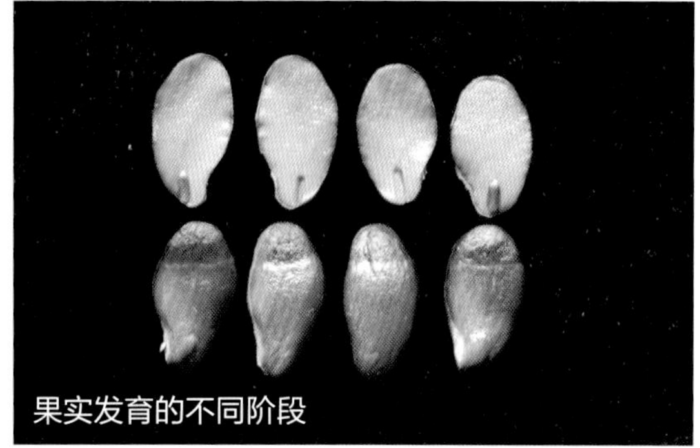
果实发育的不同阶段

果实

广西冰糖

Guangxi bingtang

类别：黄皮

分类：芸香科、黄皮属、黄皮种

学名：*Clausena lansium* (Lour.) Skeels

来源

出自广西壮族自治区热带作物研究所，由广东省农业科学院果树研究所引回所内黄皮种质资源圃保存。

主要性状

树冠椭圆形，树姿半开张，树势中庸。果实圆卵形，果顶钝圆或尖圆，单果重 6.8 ～ 8.4 克，纵径 2.6 ～ 3.7 厘米，横径 2.1 ～ 2.3 厘米，可食率 60.97% ～ 63.74%；果皮较薄，黄色；果肉蜡黄色，肉质脆嫩，清甜，风味浓，果汁含量较少；可溶性固形物含量 15.8% ～ 17.3%，可滴定酸含量 0.108% ～ 0.142%，每 100 克果肉含维生素 C 26.98 ～ 40.67 毫克。种子饱满，肾形，种皮绿色，表面光滑。在广州地区成熟期为 7 月中旬。

评价

坐果率低，丰产性差，易裂果，果实品质中等。

结果状

果穗

果穗

花

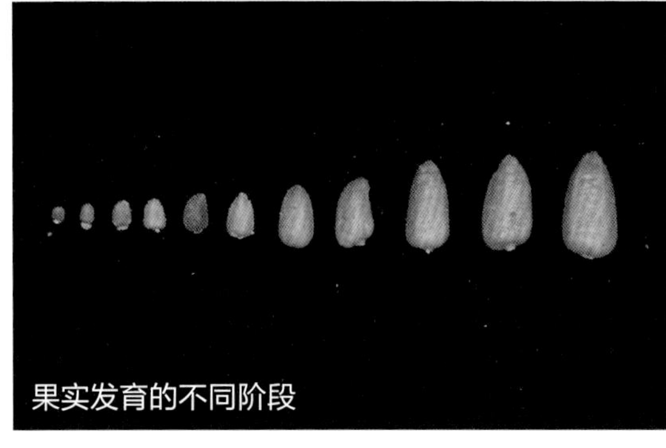
果实发育的不同阶段

果实

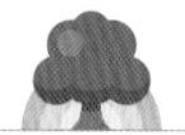

新滘白糖

Xinjiao baitang

类别：黄皮

分类：芸香科、黄皮属、黄皮种

学名：*Clausena lansium* (Lour.) Skeels

来源

原产于广东省广州市海珠区，广州市海珠区周边地区有零星栽培。

主要性状

树冠圆头形，树姿开张，树势中庸。果实近球形或圆卵形，单果重 7.9 ～ 9.8 克，纵径 2.5 ～ 2.7 厘米，横径 2.3 ～ 2.4 厘米，可食率 63.09% ～ 70.18%；果皮黄色，有果锈；果肉黄色，肉质脆嫩，风味浓，果汁含量中等；可溶性固形物含量 16.0% ～ 17.9%，可滴定酸含量0.089%～0.104%，每100克果肉含维生素C 19.73～35.48毫克。种子饱满，肾形或卵形，种皮绿色，表面光滑。在广州地区成熟期为 7 月中旬。

评价

甜黄皮类种质，果实较大，丰产性较好，果穗紧凑，果实风味较优，较易裂果。

结果状

植株

果穗

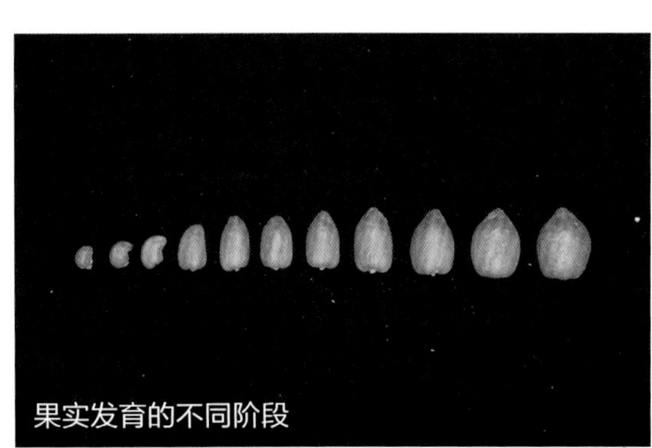
果实发育的不同阶段

果实

果穗

岐尖甜皮

Qijian tianpi

类别：黄皮
分类：芸香科、黄皮属、黄皮种
学名：*Clausena lansium* (Lour.) Skeels

来源

原产于广东省广州市黄埔区岐山村，当地曾大面积发展，现已濒临灭绝。

主要性状

树冠圆头形，树姿开张，树势弱。果实圆卵形或鸡心形，果顶钝圆或尖圆，单果重 7.4 ～ 9.2 克，纵径 2.7 ～ 2.8 厘米，横径 2.1 ～ 2.2 厘米，可食率 61.14% ～ 66.67%；果皮深黄色，有果锈；果肉浅黄色，肉质脆嫩，风味清甜，有蜜味，风味浓，果汁含量少；可溶性固形物含量 16.0% ～ 18.9%，可滴定酸含量 0.11% ～ 0.18%，每 100 克果肉含维生素 C 20.34 ～ 32.18 毫克。种子饱满，肾形，种皮黄绿色，表面光滑。在广州地区成熟期为 6 月下旬至 7 月上旬。

评价

甜黄皮类种质，较早熟。丰产性一般，果大，较耐寒，鲜食品质较优。

结果状

果穗

果穗

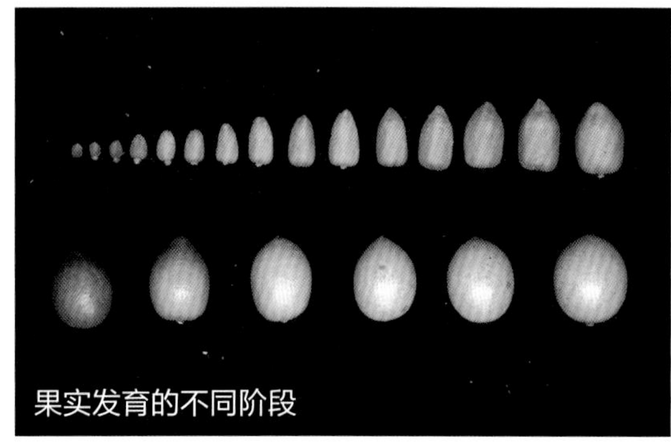
果实发育的不同阶段

果实

岐山崛督

Qishan juedu

类别：黄皮
分类：芸香科、黄皮属、黄皮种
学名：*Clausena lansium* (Lour.) Skeels

来源

原产于广东省广州市黄埔区岐山村，当地曾大面积发展，现已濒临灭绝。

主要性状

树冠圆头形，树姿开张，树势弱。果实圆卵形，果顶钝圆或浑圆，单果重 8.6 ～ 9.8 克，纵径 2.5 ～ 2.7 厘米，横径 2.2 ～ 2.4 厘米，可食率 67.47% ～ 74.12%；果皮深黄色，无果锈；果肉蜡白色，肉质脆嫩，味清甜，有蜜味，风味浓，果汁含量中等；可溶性固形物含量 15.8% ～ 18.0%，可滴定酸含量 0.092% ～ 0.172%，每 100 克果肉含维生素 C 36.06 ～ 44.38 毫克。种子饱满，卵形，种皮绿色，表面光滑。在广州地区成熟期为 7 月中下旬。

评价

甜黄皮类种质，较迟熟。丰产性一般，果大，鲜食品质较优。

结果状

果穗

花穗

花

果实发育的不同阶段

果实

白云甜皮

Baiyun tianpi

类别：黄皮

分类：芸香科、黄皮属、黄皮种

学名：*Clausena lansium* (Lour.) Skeels

来源

原产于广东省广州市白云区人和镇，为实生单株。

主要性状

树冠圆头形，树姿开张，树势弱。果实近球形，果顶浑圆或钝圆，单果重 6.1 ～ 8.0 克，纵径 2.3 ～ 2.5 厘米，横径 2.2 ～ 2.4 厘米，可食率 60.16% ～ 64.76%；果皮深黄色，无果锈；果肉蜡黄色，肉质脆嫩，味清甜，有蜜味，风味浓，果汁含量少；可溶性固形物含量 16% ～ 18%，可滴定酸含量 0.094% ～ 0.174%，每 100 克果肉含维生素 C 24.75 ～ 37.64 毫克。种子饱满，卵形，种皮黄绿色，表面光滑。在广州地区成熟期为 6 月下旬至 7 月上旬。

评价

甜黄皮类种质，早结，丰产，稳产。果实品质较优，比其他甜黄皮类种质较耐裂果。

结果状

果穗

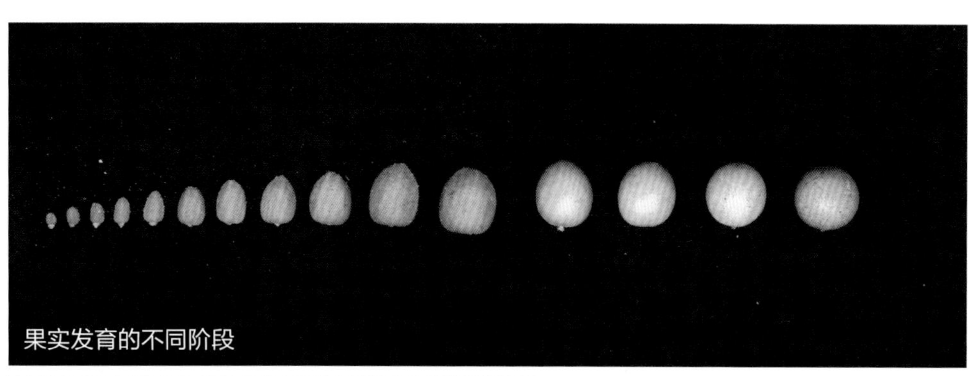
果实发育的不同阶段

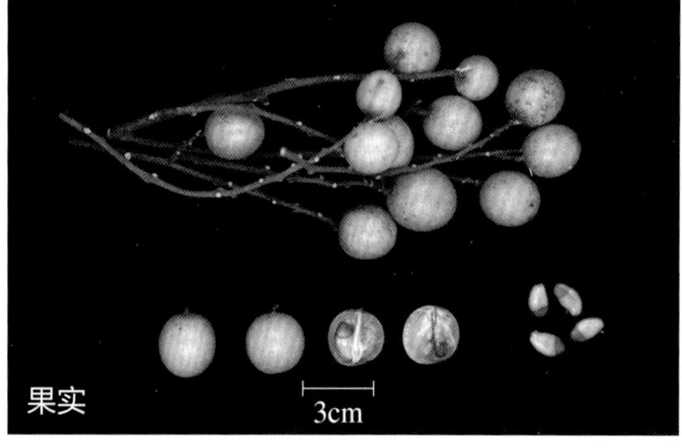

果实

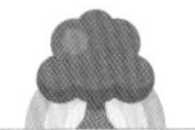

老屋 2 号

Laowu 2

类别：黄皮

分类：芸香科、黄皮属、黄皮种

学名：*Clausena lansium* (Lour.) Skeels

来源

原产于广东省广州市白云区人和镇，为实生单株。

主要性状

树冠椭圆形，树姿直立，树势中庸。果实椭圆形，单果重 8.7 ～ 10.7 克，纵径 3.0 ～ 3.3 厘米，横径 2.1 ～ 2.3 厘米，可食率 61.96% ～ 70.23%；果皮黄褐色或红褐色，有果锈，果肉浅橙红色，肉质细嫩，味甜酸，风味浓，果汁含量多；可溶性固形物含量 17.6% ～ 19.3%，可滴定酸含量 0.943% ～ 1.083%，每 100 克果肉含维生素 C 40.82 ～ 44.94 毫克。种子不饱满，肾形或卵形，种皮绿色，表面光滑。在广州地区成熟期为 7 月中下旬。

评价

早结，丰产，稳产，果形美观，果实品质优，抗逆性强，适应性广。

结果状

果穗

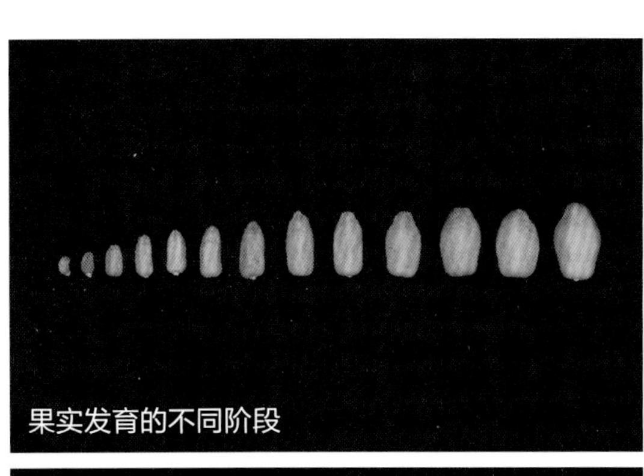
果实发育的不同阶段

果实

果穗

琼1号
Qiong 1

类别：黄皮
分类：芸香科、黄皮属、黄皮种
学名：*Clausena lansium* (Lour.) Skeels

来源

原产于海南省海口市秀英区永兴镇，为实生单株。

主要性状

树冠不规则，树姿半开张，树势中庸。果实圆球形，果顶浅凹，单果重5.5～7.0克，纵径2.1～2.3厘米，横径2.1～2.2厘米，可食率49.84%～55.38%；果皮黄褐色，无果锈；果肉蜡黄色，肉质细嫩，味甜酸，风味浓，果汁含量中等；可溶性固形物含量16.0%～18.9%，可滴定酸含量0.821%～1.126%，每100克果肉含维生素C 42.63～55.34毫克。种子饱满，卵形，种皮黄绿色，表面光滑。在广州地区成熟期为7月下旬至8月上旬。

评价

迟熟品种。果穗较大，丰产性一般，果实品质中等。

结果状

果穗

花

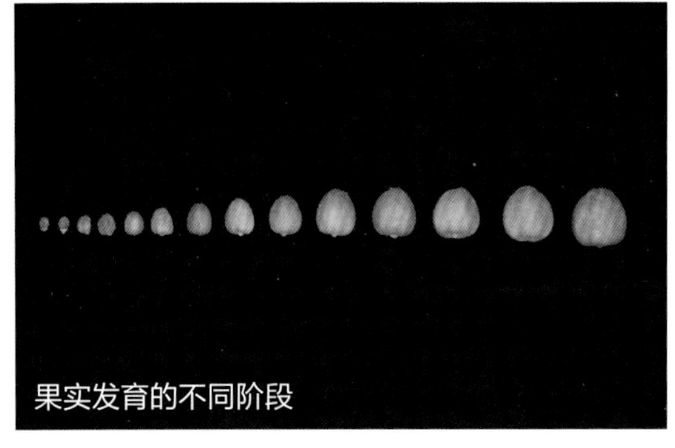
果实发育的不同阶段

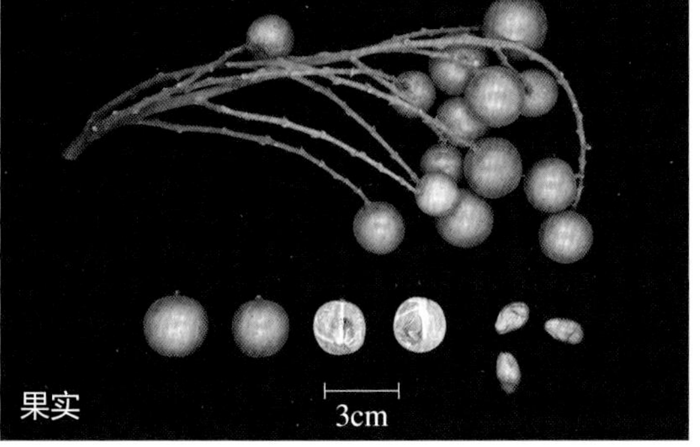

果实

琼 2 号
Qiong 2

类别：黄皮
分类：芸香科、黄皮属、黄皮种
学名：*Clausena lansium* (Lour.) Skeels

来源

原产于海南省海口市秀英区永兴镇，为实生单株。

主要性状

树冠椭圆形，树姿直立，树势强。果实圆球形，单果重 5.3 ～ 7.3 克，纵径 2.0 ～ 2.1 厘米，横径 2.2 ～ 2.3 厘米，可食率 51.51% ～ 61.69%；果皮黄褐色，无果锈；果肉蜡白色，肉质细嫩，味甜酸，风味浓，果汁含量中等；可溶性固形物含量 16.4% ～ 18.1%，可滴定酸含量 0.793% ～ 0.992%，每 100 克果肉含维生素 C 42.65 ～ 55.0 毫克。种子饱满，卵形，种皮黄绿色，表面光滑。在广州地区成熟期为 7 月下旬至 8 月上旬。

评价

丰产，稳产。风味独特，有特殊清香味，品质较优。

植株

果穗

花

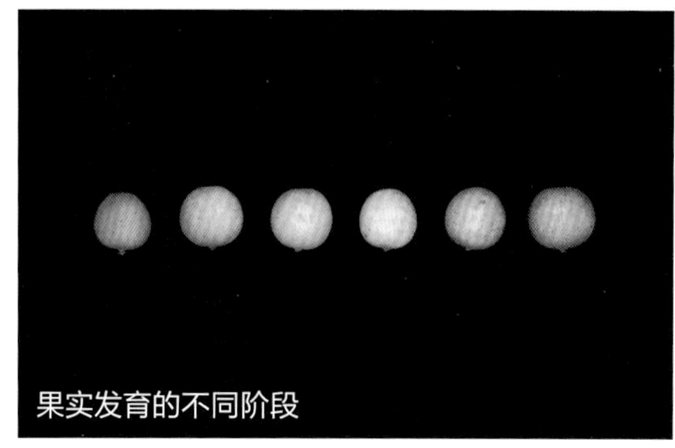
果实发育的不同阶段

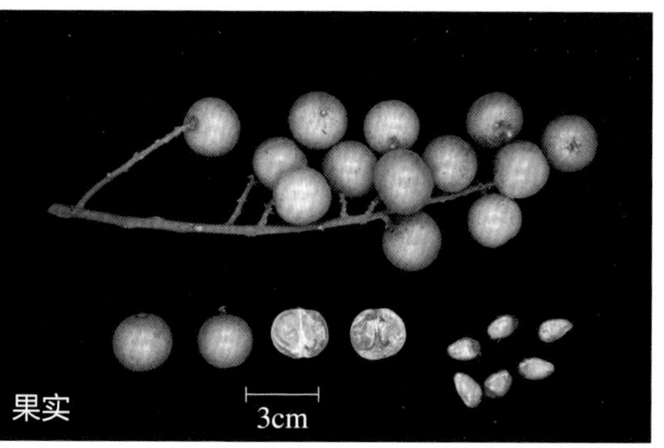

果实

琼 3 号
Qiong 3

类别：黄皮
分类：芸香科、黄皮属、黄皮种
学名：*Clausena lansium* (Lour.) Skeels

来源

原产于海南省海口市秀英区永兴镇，为实生单株。

主要性状

树冠圆头形，树姿开张，树势强。果实椭圆形，果顶钝圆，有浅凹，单果重 5.8 ～ 7.1 克，纵径 2.2 ～ 2.4 厘米，横径 1.8 ～ 2.1 厘米，可食率 63.33% ～ 72.13%；果皮黄褐色，有果锈，果肉蜡白色，肉质细嫩，风味浓，果汁含量中等；可溶性固形物含量 16.8% ～ 18.5%，可滴定酸含量 1.069% ～ 1.143%，每 100 克果肉含维生素 C 40.50 ～ 51.63 毫克。种子不饱满，肾形，种皮黄绿色，表面光滑。在广州地区成熟期为 7 月中下旬。

评价

丰产，稳产。抗逆性强，风味独特，品质较优。

结果状

果穗

花

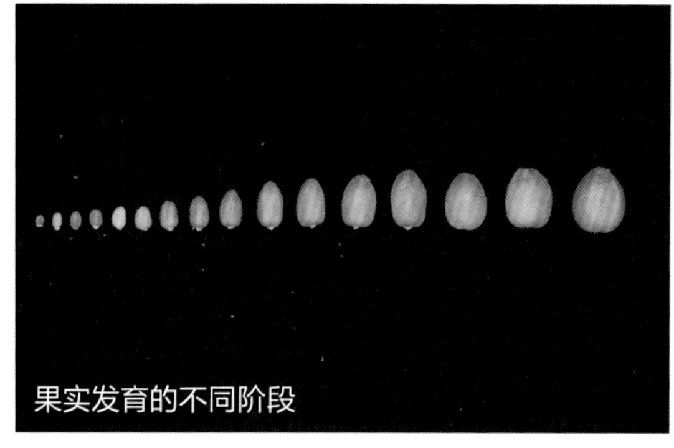
果实发育的不同阶段

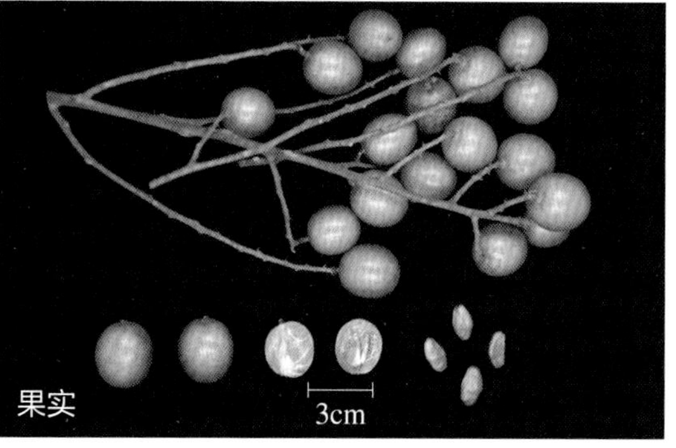

果实

琼 4 号

Qiong 4

类别：黄皮
分类：芸香科、黄皮属、黄皮种
学名：*Clausena lansium* (Lour.) Skeels

来源

原产于海南省海口市秀英区永兴镇，为实生单株。

主要性状

树冠圆头形，树姿半开张，树势强。果实圆卵形或近球形，单果重 6.9 ～ 8.3 克，纵径 2.4 ～ 2.5 厘米，横径 2.2 ～ 2.3 厘米，可食率 62.43% ～ 72.07%；果皮黄褐色，无果锈；果肉蜡黄色，肉质细嫩，味甜酸，风味浓，果汁含量中等；可溶性固形物含量 18.2% ～ 19.4%，可滴定酸含量 0.902% ～ 1.131%，每 100 克果肉含维生素 C 51.92 ～ 59.73 毫克。种子不饱满，卵形，种皮绿色，表面光滑。在广州地区成熟期为 7 月中下旬。

评价

丰产，稳产。果实甜酸适中，有特殊的清香味，鲜食品质较优。

结果状

果穗

果穗

花

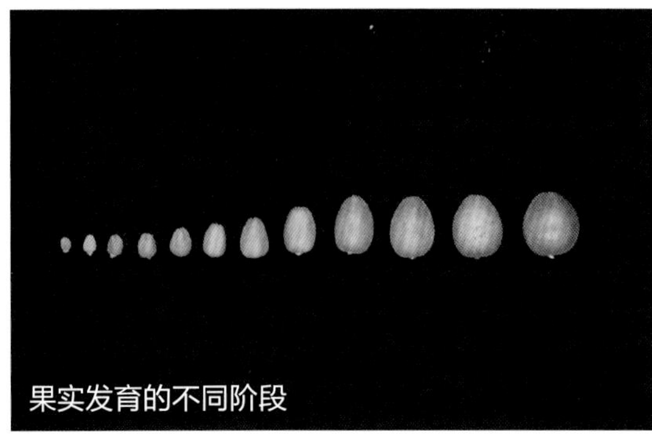
果实发育的不同阶段

果实

琼 5 号
Qiong 5

类别：黄皮
分类：芸香科、黄皮属、黄皮种
学名：*Clausena lansium* (Lour.) Skeels

来源

原产于海南省海口市秀英区永兴镇，为实生单株。

主要性状

树冠圆头形，树姿开张，树势强。果实近球形，果顶浅凹，果实较小，单果重 5.2 ～ 6.4 克，纵径 2.1 ～ 2.2 厘米，横径 2.1 ～ 2.2 厘米，可食率 54.13% ～ 66.17%；果皮黄褐色，无果锈；果肉蜡白色，肉质脆嫩，味甜酸，风味浓，果汁含量中等；可溶性固形物含量 17% ～ 19%，可滴定酸含量 0.712% ～ 0.843%，每 100 克果肉含维生素 C 43.71 ～ 57.62 毫克。种子不饱满，肾形或卵形，种皮绿色，表面光滑。在广州地区成熟期为 7 月上中旬。

评价

丰产，稳产。果实甜酸适中，鲜食品质较优，抗逆和抗病性强。

结果状

果穗

花

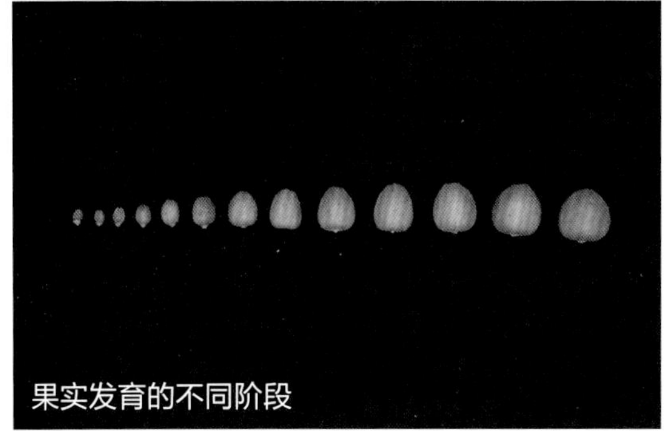
果实发育的不同阶段

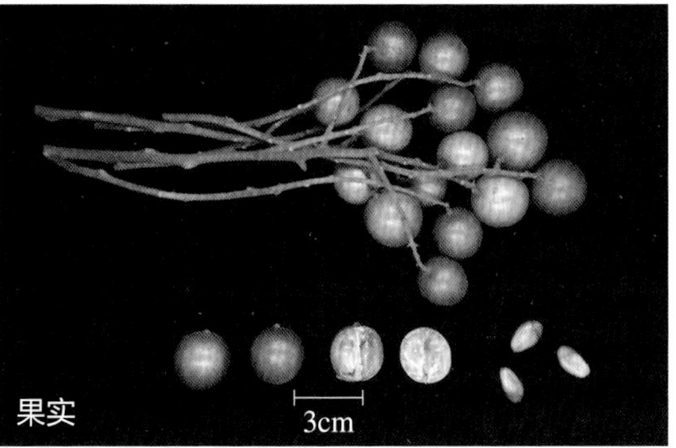

果实

琼 6 号
Qiong 6

类别：黄皮
分类：芸香科、黄皮属、黄皮种
学名：*Clausena lansium* (Lour.) Skeels

来源

原产于海南省海口市秀英区永兴镇，为实生单株。

主要性状

树冠椭圆形，树姿半开张，树势中庸。果实近球形，果顶浑圆，单果重 5.9 ～ 7.4 克，纵径 2.2 ～ 2.3 厘米，横径 2.1 ～ 2.2 厘米，可食率 53.52% ～ 62.52%；果皮黄褐色，有果锈；果肉蜡白色，肉质细嫩，味酸甜，风味浓，果汁含量中等；可溶性固形物含量 14.2% ～ 16.1%，可滴定酸含量 0.643% ～ 0.696%，每 100 克果肉含维生素 C 43.15 ～ 57.64 毫克。种子不饱满，肾形，种皮黄绿色，表面光滑。在广州地区成熟期为 7 月下旬至 8 月上旬。

评价

丰产性好，坐果率高，穗粒数多，果实品质优，抗逆和抗病性强。

结果状

果穗

果穗

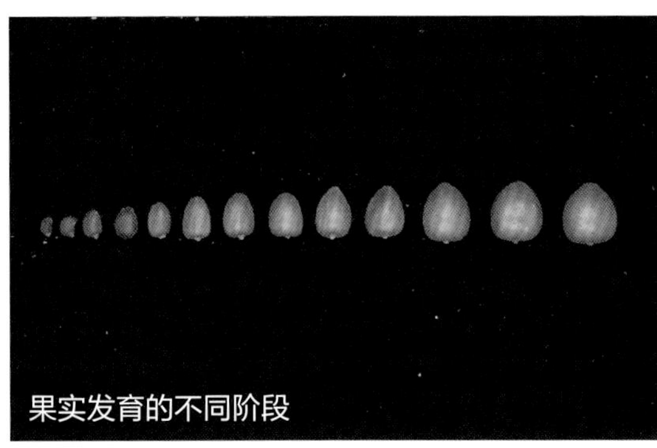
果实发育的不同阶段

果实

琼 7 号

Qiong 7

类别：黄皮
分类：芸香科、黄皮属、黄皮种
学名：*Clausena lansium* (Lour.) Skeels

来源

原产于海南省海口市秀英区永兴镇，为实生单株。

主要性状

树冠圆头形，树姿开张，树势强。果实近球形，果顶浅凹，单果重 5.4 ～ 6.9 克，纵径 2.1 ～ 2.2 厘米，横径 2.0 ～ 2.1 厘米，可食率 54.98% ～ 64.13%；果皮黄褐色，无果锈；果肉蜡白色，肉质细嫩，味甜酸，风味浓，果汁含量中等；可溶性固形物含量 17.0% ～ 18.6%，可滴定酸含量 0.513% ～ 0.872%，每 100 克果肉含维生素 C 46.95 ～ 51.64 毫克。种子不饱满，肾形，种皮黄绿色，表面光滑。在广州地区成熟期为 7 月中下旬。

评价

丰产性好，果实成熟度较一致，果实品质优，抗逆和抗病性强。

结果状

果穗

果穗

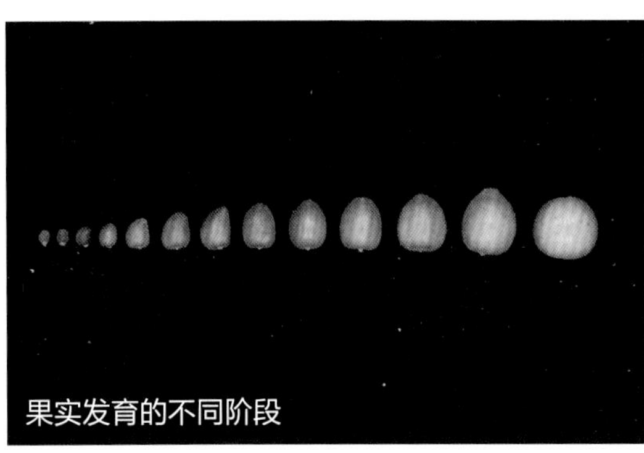
果实发育的不同阶段

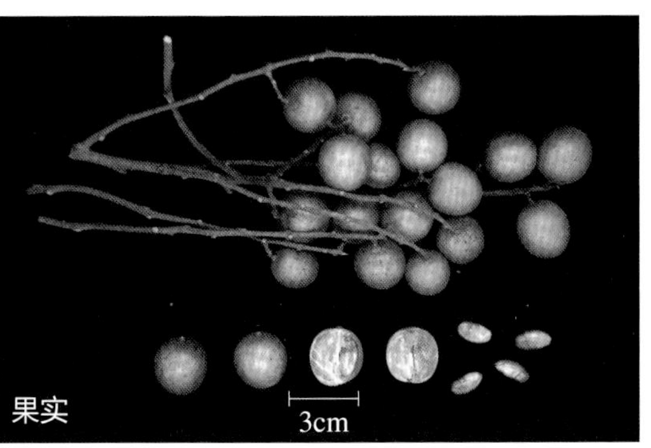

果实

琼 8 号
Qiong 8

类别：黄皮
分类：芸香科、黄皮属、黄皮种
学名：*Clausena lansium* (Lour.) Skeels

来源

原产于海南省海口市秀英区永兴镇，为实生单株。

主要性状

树冠椭圆形，树姿半开张，树势中庸。果实圆球形，果顶浅凹，单果重 4.6 ～ 6.6 克，纵径 1.9 ～ 2.1 厘米，横径 2.0 ～ 2.2 厘米，可食率 43.53% ～ 60.16%；果皮浅黄褐色，部分果实成熟时果皮未能完全转色，呈黄绿色，无果锈；果肉蜡白色，肉质细嫩，味甜酸，风味偏淡，果汁含量多；可溶性固形物含量 14.8% ～ 17.7%，可滴定酸含量 1.003% ～ 1.185%，每 100 克果肉含维生素 C 52.35 ～ 56.78 毫克。种子不饱满，肾形，种皮黄绿色，表面光滑。在广州地区成熟期为 7 月中下旬。

评价

果穗较大，穗成熟度不一致，果实品质中等。

结果状

果穗

花穗

花

果实发育的不同阶段

果实

琼 9 号
Qiong 9

类别：黄皮
分类：芸香科、黄皮属、黄皮种
学名：*Clausena lansium* (Lour.) Skeels

来源

原产于海南省海口市秀英区永兴镇，为实生单株。

主要性状

树冠椭圆形，树姿半开张，树势强。果实圆卵形或近球形，果顶浑圆或钝圆，单果重 4.9 ～ 5.7 克，纵径 2.0 ～ 2.1 厘米，横径 1.9 ～ 2.0 厘米，可食率 54.69% ～ 60.75%；果皮黄褐色，有果锈；果肉蜡白色，肉质细嫩，味甜酸，风味浓，果汁含量中等；可溶性固形物含量 18.3% ～ 20.4%，可滴定酸含量 0.841% ～ 1.137%，每 100 克果肉含维生素 C 49.35 ～ 58.14 毫克。种子饱满，卵形，种皮绿色，表面光滑。在广州地区成熟期为 7 月中旬。

评价

果穗较大，穗成熟度不一致，果实品质较优。

结果状

果穗

花穗

花

果实发育的不同阶段

果实

琼 10 号
Qiong 10

类别：黄皮
分类：芸香科、黄皮属、黄皮种
学名：*Clausena lansium* (Lour.) Skeels

来源

原产于海南省海口市秀英区永兴镇，为实生单株。

主要性状

树冠椭圆形，树姿直立，树势中庸。果实圆卵形，果顶钝圆，单果重 5.5 ～ 6.7 克，纵径 2.2 ～ 2.3 厘米，横径 2.0 ～ 2.1 厘米，可食率 60.48% ～ 64.93%；果皮深黄褐色或红褐色，无果锈；果肉蜡白色，肉质脆嫩，味甜酸，风味浓，果汁含量多；可溶性固形物含量 15.3% ～ 18.0%，可滴定酸含量 0.633% ～ 0.813%，每 100 克果肉含维生素 C 44.30 ～ 49.84 毫克。种子不饱满，肾形，种皮黄绿色，表面光滑。在广州地区成熟期为 7 月中下旬。

评价

丰产，稳产。果实品质优，抗逆性强。

结果状

果穗

花

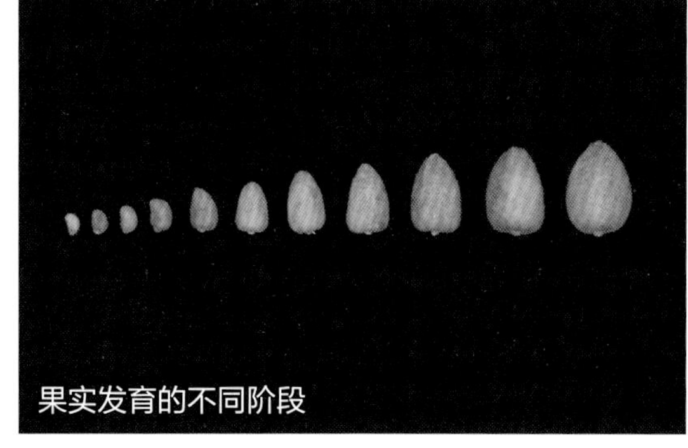
果实发育的不同阶段

果实

琼 11 号
Qiong 11

类别：黄皮
分类：芸香科、黄皮属、黄皮种
学名：*Clausena lansium* (Lour.) Skeels

来源

原产于海南省海口市秀英区永兴镇，为实生单株。

主要性状

树冠圆头形，树姿直立，树势中庸。果实近球形，果顶浑圆或钝圆，单果重 6.7 ～ 7.6 克，纵径 2.3 ～ 2.4 厘米，横径 2.2 ～ 2.3 厘米，可食率 57.53% ～ 66.66%；果皮深黄褐色或红褐色，有果锈；果肉蜡白色，肉质细嫩，味甜酸，风味浓，果汁含量多；可溶性固形物含量 19.7% ～ 21.6%，可滴定酸含量 0.873% ～ 1.142%，每 100 克果肉含维生素 C 49.55 ～ 58.11 毫克。种子饱满，卵形，种皮绿色，表面光滑。在广州地区成熟期为 7 月中下旬。

评价

丰产，稳产。果穗较大，穗粒数多，果实品质优，抗逆抗病性强。

结果状

果穗

花

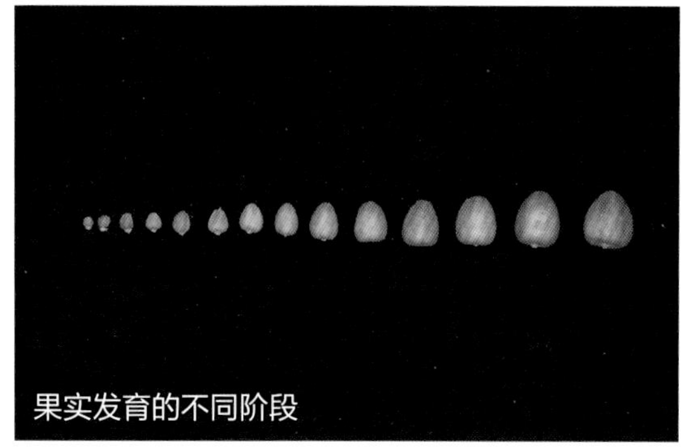
果实发育的不同阶段

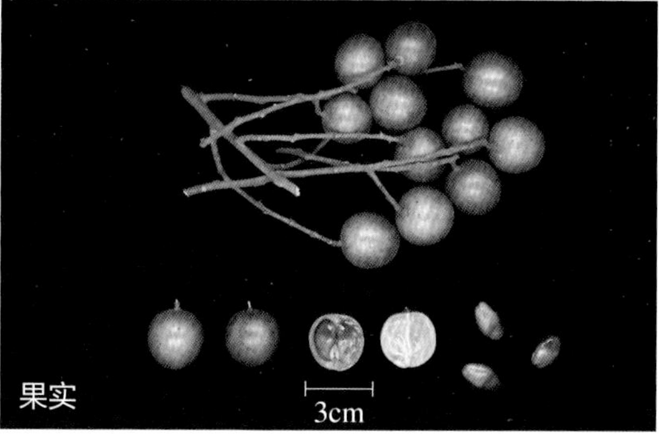

果实

琼 12 号

Qiong 12

类别：黄皮

分类：芸香科、黄皮属、黄皮种

学名：*Clausena lansium* (Lour.) Skeels

来源

原产于海南省海口市秀英区永兴镇，为实生单株。

主要性状

树冠椭圆形，树姿半开张，树势强。果实近球形，果顶浅凹，单果重 5.5 ～ 6.6 克，纵径 2.1 ～ 2.2 厘米，横径 2.1 ～ 2.2 厘米，可食率 54.37% ～ 58.72%；果皮深黄褐色或古铜色，无果锈；果肉蜡白色，肉质细嫩，风味浓，果汁含量多；可溶性固形物含量 16.0% ～ 18.4%，可滴定酸含量 0.911% ～ 0.982%，每 100 克果肉含维生素 C 44.57 ～ 55.88 毫克。种子不饱满，卵形，种皮黄绿色，表面光滑。在广州地区成熟期为 7 月中下旬。

评价

丰产，稳产。果穗较大，穗粒数多，果实风味独特，有特殊的清香味，适应性强。

结果状

果穗

果实

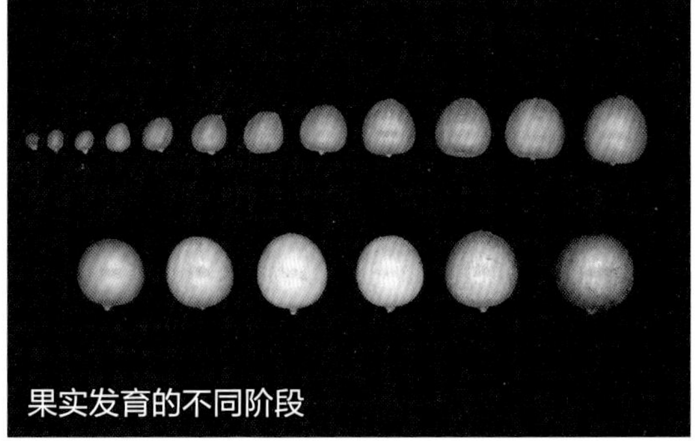
果实发育的不同阶段

琼 13 号
Qiong 13

类别：黄皮
分类：芸香科、黄皮属、黄皮种
学名：*Clausena lansium* (Lour.) Skeels

来源

原产于海南省海口市秀英区永兴镇，为实生单株。

主要性状

树冠椭圆形，树姿直立，树势中庸。果实近球形，单果重 5.4 ～ 6.8 克，纵径 2.2 ～ 2.3 厘米，横径 2.1 ～ 2.2 厘米，可食率 50.22% ～ 61.65%；果皮深黄褐色或古铜色，无果锈；果肉蜡白色，肉质细嫩，风味浓，果汁含量多；可溶性固形物含量 16.6% ～ 19.0%，可滴定酸含量 0.908% ～ 1.048%，每 100 克果肉含维生素 C 51.95 ～ 58.88 毫克。种子不饱满，肾形，种皮绿色，表面光滑。在广州地区成熟期为 7 月中旬。

评价

丰产，稳产。果穗成熟度较一致，果实大小均匀，品质优良。

结果状

果穗

果穗

花

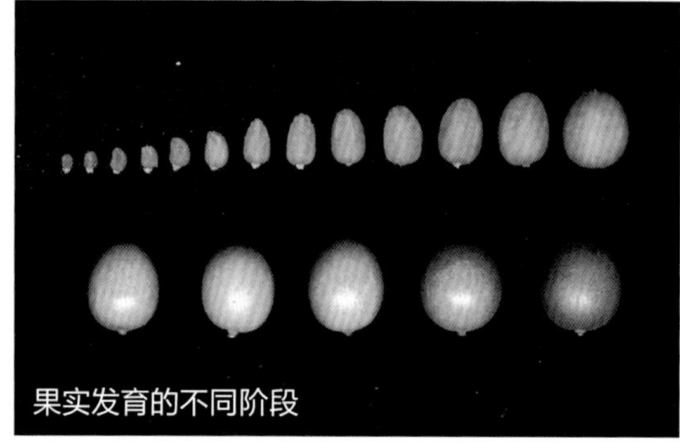
果实发育的不同阶段

果实

琼 14 号
Qiong 14

类别：黄皮
分类：芸香科、黄皮属、黄皮种
学名：*Clausena lansium* (Lour.) Skeels

来源

原产于海南省海口市秀英区永兴镇，为实生单株。

主要性状

树冠伞形，树姿直立，树势中庸。果实近球形，单果重 4.5 ～ 6.1 克，纵径 1.9 ～ 2.1 厘米，横径 2.0 ～ 2.1 厘米，可食率 45.96% ～ 55.44%；果皮深黄褐色或古铜色，无果锈；果肉蜡黄色，肉质脆嫩，味酸甜，风味浓，果汁含量多；可溶性固形物含量 18.0% ～ 21.3%，可滴定酸含量 0.785% ～ 1.158%，每 100 克果肉含维生素 C 44.53 ～ 51.32 毫克。种子饱满，肾形，种皮黄绿色，表面光滑。在广州地区成熟期为 7 月中下旬。

评价

果穗较大，穗粒数多，成熟度不一致，果实品质优良。

结果状

花穗

果穗

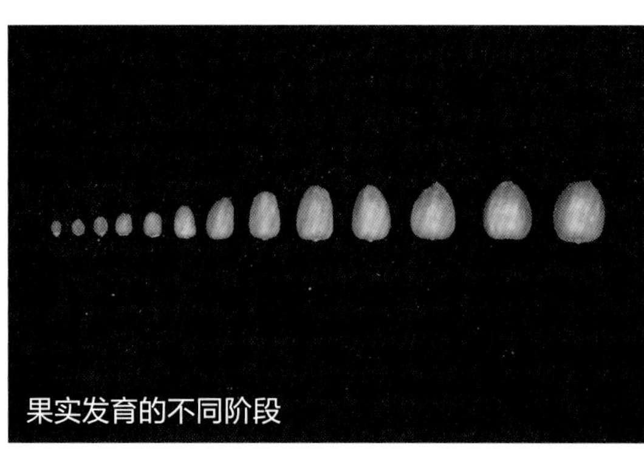
果实发育的不同阶段

果实

琼 15 号

Qiong 15

类别：黄皮

分类：芸香科、黄皮属、黄皮种

学名：*Clausena lansium* (Lour.) Skeels

来源

出自海南省海口市秀英区石山镇，为实生单株。

主要性状

树冠伞形，树姿开张，树势弱。果实近球形或圆卵形，果顶钝圆，果较小，单果重 3.8 ～ 4.4 克，纵径 2.0 ～ 2.1 厘米，横径 1.7 ～ 1.8 厘米，可食率 56.36% ～ 60.60%；果皮深褐色，无果锈；果肉蜡白色，肉质脆嫩，味甜酸，风味浓，果汁含量多；可溶性固形物含量 17.2% ～ 19.2%，可滴定酸含量 0.691% ～ 0.993%，每 100 克果肉含维生素 C 52.53 ～ 58.48 毫克。种子不饱满，肾形，种皮黄绿色，表面光滑。在广州地区成熟期为 7 月下旬。

评价

果实品质较优，有特殊香味，丰产性一般，易出现大小年。

结果状

树

果穗

花

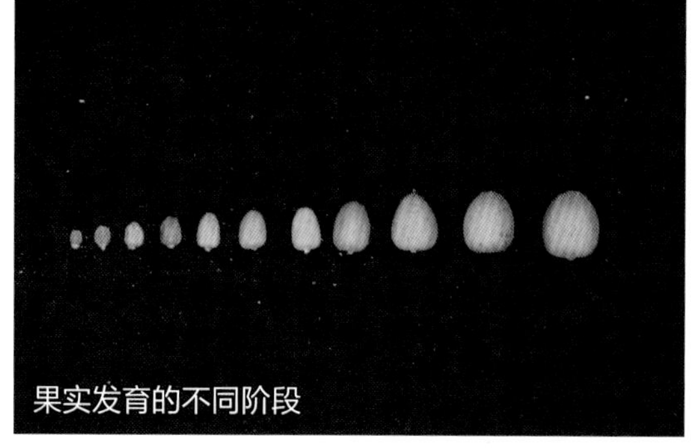
果实发育的不同阶段

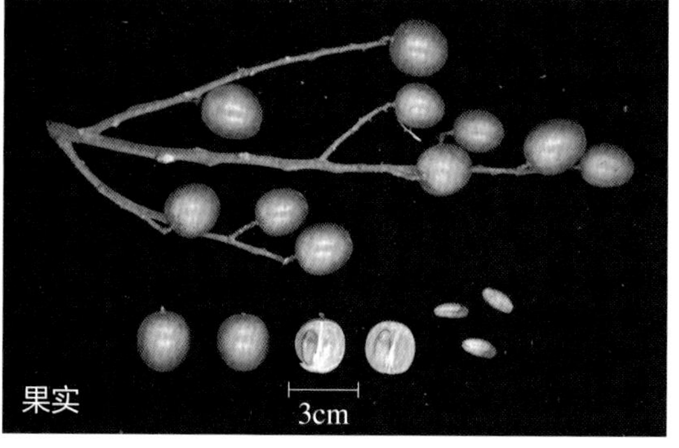

果实

琼 16 号
Qiong 16

类别：黄皮
分类：芸香科、黄皮属、黄皮种
学名：*Clausena lansium* (Lour.) Skeels

来源

出自海南省海口市秀英区石山镇，为实生单株。

主要性状

树冠椭圆形，树姿直立，树势中庸。果实近球形或圆卵形，果顶浅凹，单果重 5.5 ～ 7.1 克，纵径 2.2 ～ 2.4 厘米，横径 2.0 ～ 2.2 厘米，可食率 59.30% ～ 65.74%；果皮黄褐色或古铜色，无果锈；果肉蜡黄色，肉质细嫩，味甜酸，风味浓，果汁含量少；可溶性固形物含量 16.6% ～ 18.1%，可滴定酸含量 0.613% ～ 0.999%，每 100 克果肉含维生素 C 38.65 ～ 43.33 毫克。种子饱满，肾形，种皮绿色，表面光滑。在广州地区成熟期为 7 月下旬。

评价

坐果率高，丰产性好，果实品质较优，易感染炭疽病。

树

花穗

果穗

花

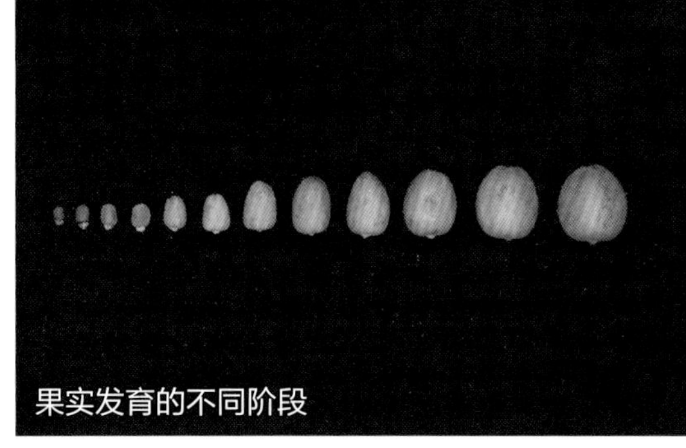
果实发育的不同阶段

果实

阳山大叶
Yangshan daye

类别：黄皮
分类：芸香科、黄皮属、黄皮种
学名：*Clausena lansium* (Lour.) Skeels

来源

原产于广东省清远市阳山县麻地冲，为实生单株。

主要性状

树冠圆头形，树姿半开张，树势强。果实圆卵形，果顶钝圆，单果重 5.1 ～ 7.2 克，纵径 2.1 ～ 2.4 厘米，横径 1.9 ～ 2.2 厘米，可食率 48.69% ～ 54.77%；果皮浅橙黄色，有果锈；果肉蜡白色，肉质细嫩，味酸甜，风味淡，果汁含量多；可溶性固形物含量 15% ～ 17%，可滴定酸含量 1.087% ～ 1.392%，每 100 克果肉含维生素 C 37.52 ～ 46.26 毫克。种子饱满，肾形，种皮绿色，表面光滑。在广州地区成熟期为 6 月下旬至 7 月上旬。

评价

早结，丰产，稳产。抗逆性强，品质中上。

结果状

花穗

果穗

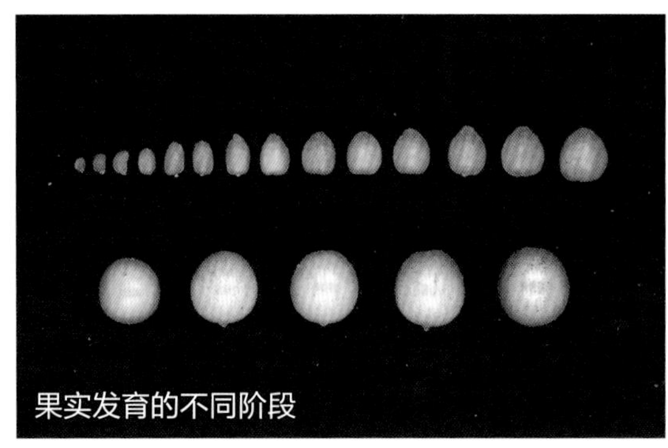
果实发育的不同阶段

果实

阳山圆皮

Yangshan yuanpi

类别：黄皮

分类：芸香科、黄皮属、黄皮种

学名：*Clausena lansium* (Lour.) Skeels

来源

原产于广东省清远市阳山县麻地冲，为实生单株。

主要性状

树冠圆头形，树姿开张，树势强。果实圆卵形或近球形，果顶浑圆或钝圆，单果重 5.1 ～ 7.2 克，纵径 2.1 ～ 2.3 厘米，横径 1.9 ～ 2.2 厘米，可食率 54.75% ～ 60.36%；果皮深褐色，无果锈；果肉蜡黄色，肉质细嫩，味酸中带甜，风味浓，果汁含量中等；可溶性固形物含量 15.0% ～ 18.4%，可滴定酸含量 1.043% ～ 1.178%，每 100 克果肉含维生素 C 46.85 ～ 57.34 毫克。种子饱满，卵形，种皮黄绿色，表面光滑。在广州地区成熟期为 7 月上旬。

评价

丰产，稳产。果实品质一般（偏酸），抗逆性强。

结果状

果穗

果穗

花穗

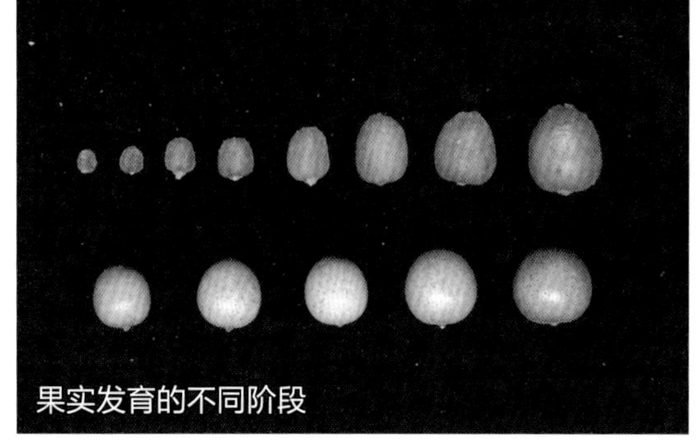
果实发育的不同阶段

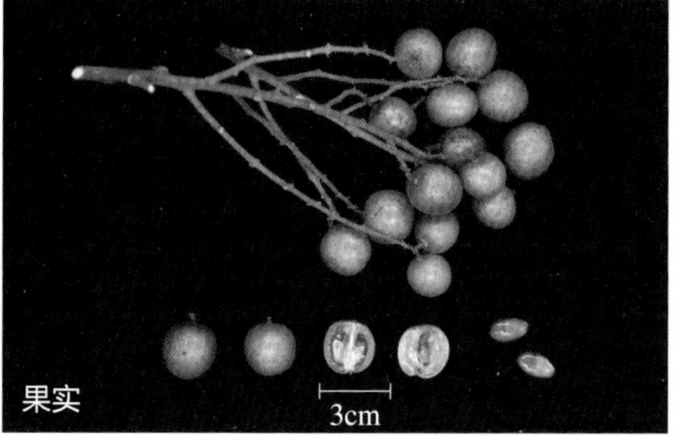

果实

塔下甜皮

Taxia tianpi

类别：黄皮

分类：芸香科、黄皮属、黄皮种

学名：*Clausena lansium* (Lour.) Skeels

来源

原产于广东省梅州市丰顺县塔下村，为实生单株，周边地区有零星引种嫁接。

主要性状

树冠椭圆形，树姿半开张，树势中庸。果实椭圆形，果顶浑圆，单果重 8.6 ～ 9.4 克，纵径 2.8 ～ 3.0 厘米，横径 2.2 ～ 2.3 厘米，可食率 65.31% ～ 70.91%；果皮黄色，有果锈；果肉浅黄色，肉质脆嫩，味清甜，有蜜味，风味浓，果汁含量中等；可溶性固形物含量 18.4% ～ 19.2%，可滴定酸含量 0.131% ～ 0.185%，每 100 克果肉含维生素 C 13.05 ～ 48.54 毫克。种子饱满，肾形，种皮黄绿色，表面光滑。在广州地区成熟期为 7 月中下旬。

评价

甜黄皮类较迟熟种质，果实较大，果形圆润美观，品质较优，与其他甜黄皮类品种相比较耐裂果。

结果状

花穗

果穗

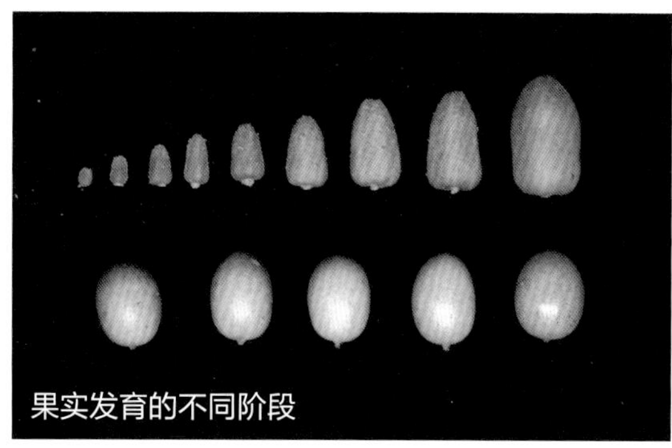
果实发育的不同阶段

果实

塔下酸皮

Taxia suanpi

类别：黄皮

分类：芸香科、黄皮属、黄皮种

学名：*Clausena lansium* (Lour.) Skeels

来源

原产于广东省梅州市丰顺县塔下村，为实生单株。

主要性状

树冠伞形，树姿直立，树势中等。果实圆卵形或鸡心形，果顶钝圆，单果重 8.4 ～ 10.1 克，纵径 2.8 ～ 2.9 厘米，横径 2.2 ～ 2.4 厘米，可食率 64.21% ～ 70.00%；果皮黄褐色，无果锈；果肉蜡黄色，肉质细嫩，味酸中带甜，风味浓，果汁含量中等；可溶性固形物含量 15.9% ～ 18.3%，可滴定酸含量 1.092% ～ 1.704%，每 100 克果肉含维生素 C 34.55 ～ 41.28 毫克。种子饱满，肾形，种皮绿色，表面光滑。在广州地区成熟期为 7 月中下旬。

评价

产量一般，果实品质中下，风味偏酸，抗逆、抗病性强。

结果状

果穗

果穗

果穗

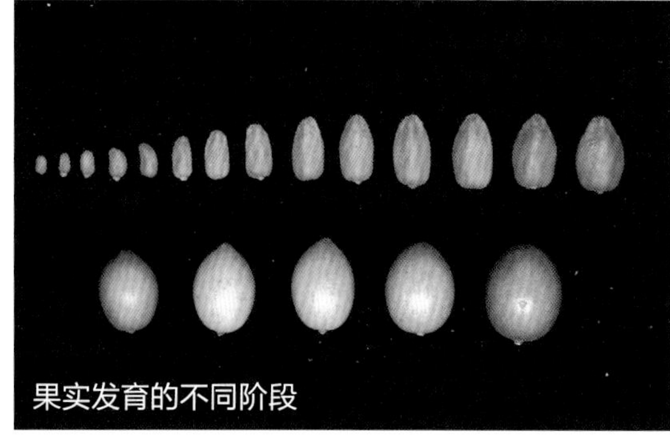
果实发育的不同阶段

果实

湛江 1 号

Zhanjiang 1

类别：黄皮
分类：芸香科、黄皮属、黄皮种
学名：*Clausena lansium* (Lour.) Skeels

来源

原产于广东省湛江市坡头区龙头镇，为实生单株。

主要性状

树冠圆头形，树姿开张，树势中庸。果实近球形，果顶浑圆，有浅凹，果实较小，单果重 3.6 ～ 5.2 克，纵径 1.8 ～ 2.0 厘米，横径 1.8 ～ 1.9 厘米，可食率 55.46% ～ 60.29%；果皮黄褐色，味极苦，有果锈；果肉蜡黄色，肉质细嫩，味甜酸，风味浓，果汁含量多；可溶性固形物含量 16.1% ～ 17.9%，可滴定酸含量 0.827% ～ 1.006%，每 100 克果肉含维生素 C 33.15 ～ 36.58 毫克。种子饱满，卵形或棒形，种皮黄绿色，表面光滑。在广州地区成熟期为 7 月上中旬。

评价

丰产，稳产。坐果率高，果穗较大，穗粒数多（多者高达 100 粒），果实品质中上，果皮极苦，药用开发价值大。

结果状

花穗

果穗

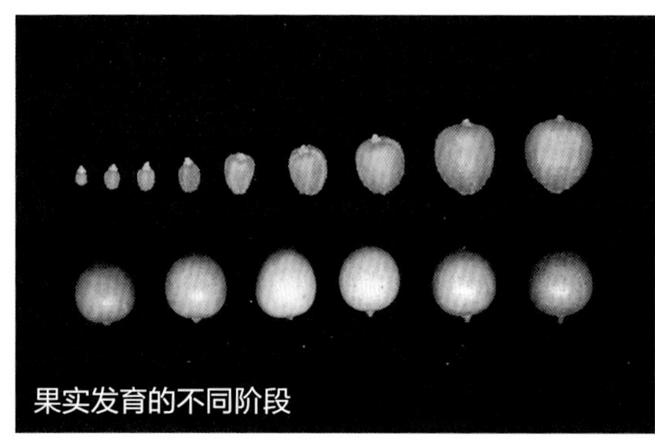
果实发育的不同阶段

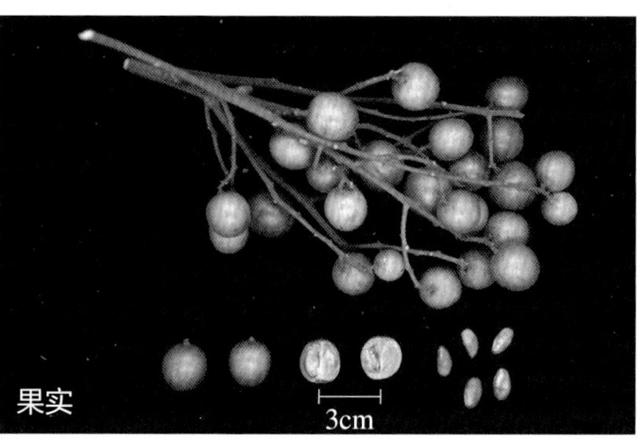

果实

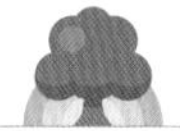

湛江 2 号
Zhanjiang 2

类别：黄皮
分类：芸香科、黄皮属、黄皮种
学名：*Clausena lansium* (Lour.) Skeels

来源

原产于广东省湛江市坡头区龙头镇，为实生单株。

主要性状

树冠圆头形，树姿开张，树势强。果实近球形，果顶浑圆，中心处有一尖突，单果重 6.4 ～ 8.1 克，纵径 2.2 ～ 2.4 厘米，横径 2.2 ～ 2.3 厘米，可食率 68.21% ～ 74.84%；果皮深黄褐色或古铜色，有果锈；果肉蜡白色，肉质细嫩，味甜酸，风味浓，果汁含量多；可溶性固形物含量 18.0% ～ 19.9%，可滴定酸含量 1.163% ～ 1.471%，每 100 克果肉含维生素 C 45.35 ～ 55.77 毫克。种子不饱满，肾形，种皮黄绿色，表面光滑。在广州地区成熟期为 7 月上中旬。

评价

丰产，稳产。坐果率高，果穗成熟度较一致，果实品质较优。

结果状

果穗

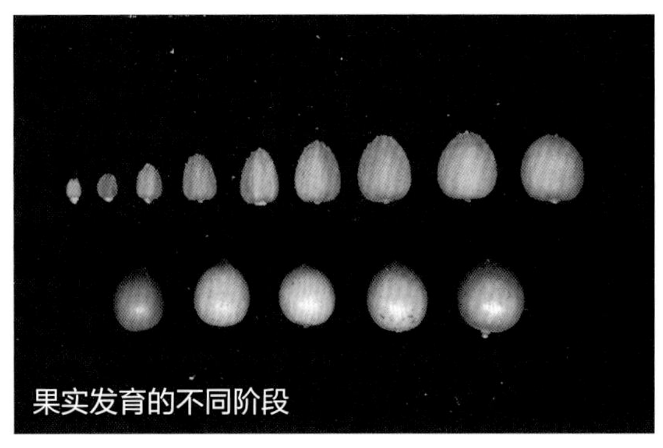
果实发育的不同阶段

果实

湛江 3 号
Zhanjiang 3

类别：黄皮
分类：芸香科、黄皮属、黄皮种
学名：*Clausena lansium* (Lour.) Skeels

来源

原产于广东省湛江市坡头区龙头镇，为实生单株。

主要性状

树冠椭圆形，树姿直立，树势中庸。果实近球形，单果重 7.2 ～ 7.7 克，纵径 2.3 ～ 2.4 厘米，横径 2.2 ～ 2.3 厘米，可食率 60.88% ～ 64.33%；果皮深黄褐色或古铜色，无果锈；果肉蜡黄色，肉质细嫩，味甜酸，风味浓，果汁含量多；可溶性固形物含量 18.3% ～ 20.3%，可滴定酸含量 0.971% ～ 1.082%，每 100 克果肉含维生素 C 45.35 ～ 54.87 毫克。种子不饱满，肾形，种皮黄绿色，表面光滑。在广州地区成熟期为 7 月上中旬。

评价

丰产，稳产。坐果率高，果穗成熟度较一致，果实品质优，抗逆抗病性强。

结果状

花穗

果穗

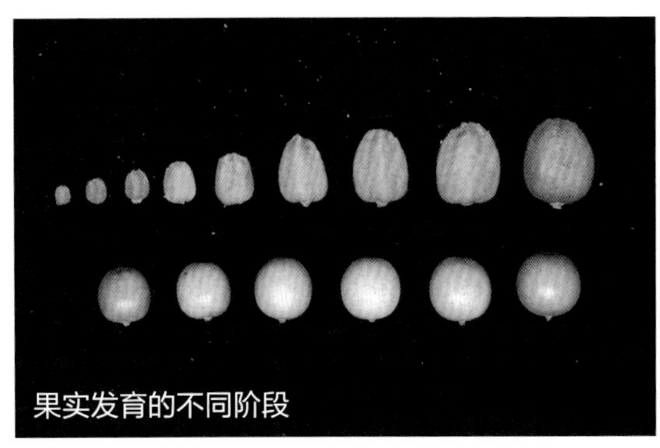
果实发育的不同阶段

果实

海珠土种

Haizhu tuzhong

类别：黄皮

分类：芸香科、黄皮属、黄皮种

学名：*Clausena lansium* (Lour.) Skeels

来源

出自广东省广州市海珠区瀛洲生态公园，为实生单株。

主要性状

树冠圆头形，树姿开张，树势强。果实近球形，果顶浅凹，单果重 7.2 ～ 9.1 克，纵径 2.4 ～ 2.5 厘米，横径 2.3 ～ 2.4 厘米，可食率 56.94% ～ 58.96%；果皮深黄褐色或古铜色，无果锈；果肉蜡白色，肉质细嫩，味酸甜，风味浓，果汁含量多；可溶性固形物含量 15.4% ～ 17.8%，可滴定酸含量 1.035% ～ 1.327%，每 100 克果肉含维生素 C 48.35 ～ 60.48 毫克。种子饱满，肾形或棒形，种皮黄绿色，表面光滑。在广州地区成熟期为 6 月下旬至 7 月上旬。

评价

丰产，稳产。坐果率高，果穗成熟度较一致，果实品质中上。

结果状

花穗

果穗

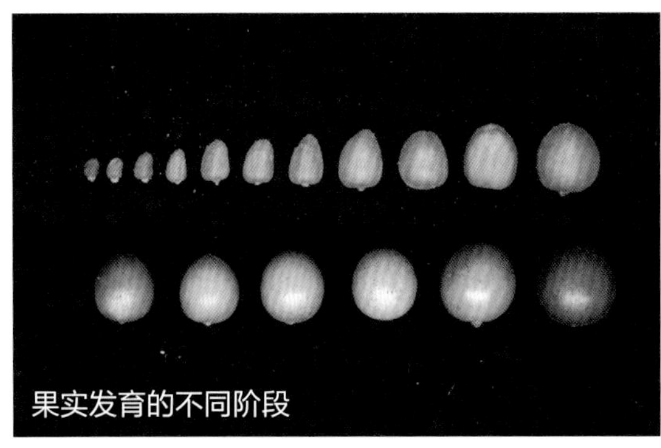
果实发育的不同阶段

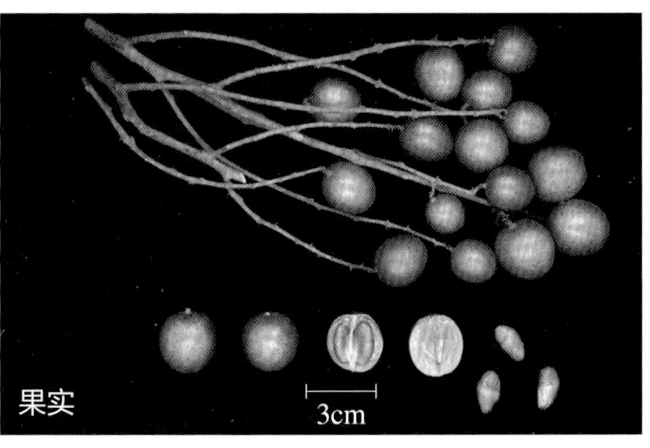

果实

海珠尖嘴

Haizhu jianzui

类别：黄皮
分类：芸香科、黄皮属、黄皮种
学名：*Clausena lansium* (Lour.) Skeels

来源

出自广东省广州市海珠区瀛洲生态公园，为实生单株。

主要性状

树冠椭圆形，树姿直立，树势中庸。果实鸡心形，果顶尖圆并带有一尖突，单果重 7.8 ～ 9.4 克，纵径 2.7 ～ 3.0 厘米，横径 2.0 ～ 2.4 厘米，可食率 63.73% ～ 66.84%；果皮深褐色或古铜色，无果锈；果肉蜡黄色，肉质脆嫩，味甜酸，风味浓，果汁含量少；可溶性固形物含量 20.6% ～ 23.3%，可滴定酸含量 1.401% ～ 1.528%，每 100 克果肉含维生素 C 52.5 ～ 67.0 毫克。种子饱满，卵形，种皮黄绿色，表面光滑。在广州地区成熟期为 7 月中下旬。

评价

丰产，稳产。果实外形美观，品质优良，抗逆抗病性强。

结果状

花穗

果穗

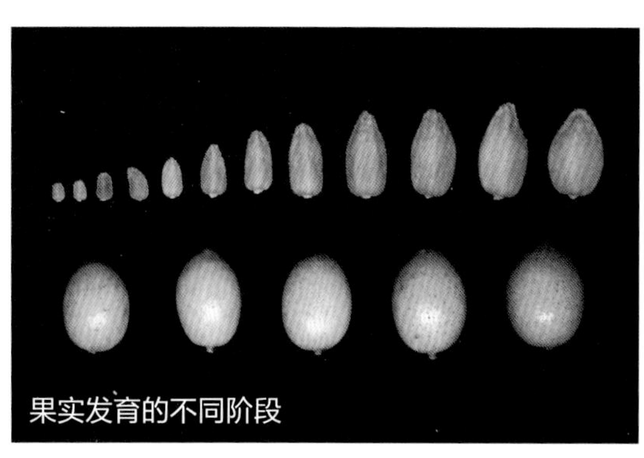

果实发育的不同阶段

果实

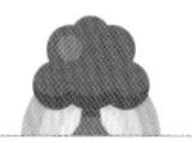

海珠圆皮

Haizhu yuanpi

类别：黄皮

分类：芸香科、黄皮属、黄皮种

学名：*Clausena lansium* (Lour.) Skeels

来源

出自广东省广州市海珠区瀛洲生态公园，为实生单株。

主要性状

树冠圆头形，树姿开张，树势强。果实圆球形，果顶浅凹，单果重7.7 ～ 8.6 克，纵径 2.3 ～ 2.4 厘米，横径 2.3 ～ 2.4 厘米，可食率60.04% ～ 63.38%；果皮黄褐色，无果锈；果肉蜡白色，肉质脆嫩，味甜酸，风味浓，果汁含量中等；可溶性固形物含量 18% ～ 19%，可滴定酸含量 1.241% ～ 1.462%，每 100 克果肉含维生素 C 44.75 ～ 57.48 毫克。种子饱满，卵形或棒形，种皮绿色，表面光滑。在广州地区成熟期为 7 月中下旬。

评价

丰产，稳产。果穗较大，穗粒数多，果实品质优良，高糖、高酸。

结果状

花穗

果穗

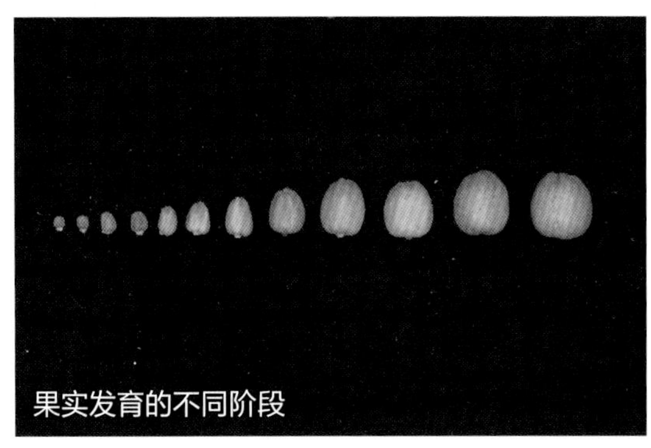
果实发育的不同阶段

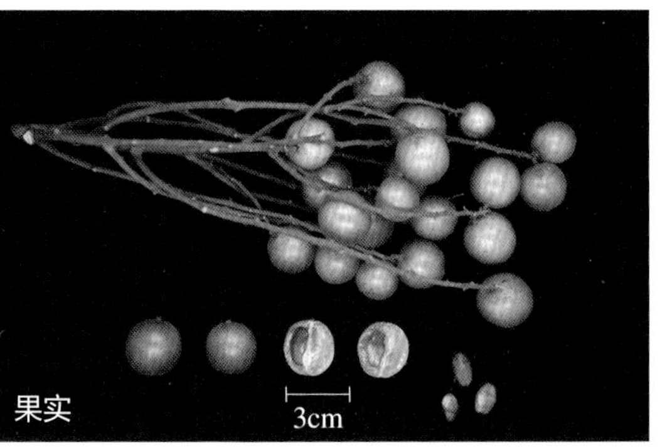

果实

海珠甜皮

Haizhu tianpi

类别：黄皮

分类：芸香科、黄皮属、黄皮种

学名：*Clausena lansium* (Lour.) Skeels

来源

出自广东省广州市海珠区瀛洲生态公园，为实生单株。

主要性状

树冠椭圆，树姿半开张，树势中庸。果实近球形或圆卵形，果顶浑圆或钝圆，单果重 7.1 ～ 8.6 克，纵径 2.4 ～ 2.6 厘米，横径 2.2 ～ 2.4 厘米，可食率 60.75% ～ 66.45%；果皮黄色，有果锈；果肉蜡黄色，肉质脆嫩，味清甜，有蜜味，风味浓，果汁含量少；可溶性固形物含量 16.2% ～ 17.3%，可滴定酸含量 0.087% ～ 0.143%，每 100 克果肉含维生素 C 26.65 ～ 39.27 毫克。种子饱满，卵形，种皮黄绿色，表面光滑。在广州地区成熟期为 7 月中下旬。

评价

甜黄皮类较迟熟种质。丰产性好，果实品质优良，抗病性一般，较耐裂果。

结果状

花穗

果穗

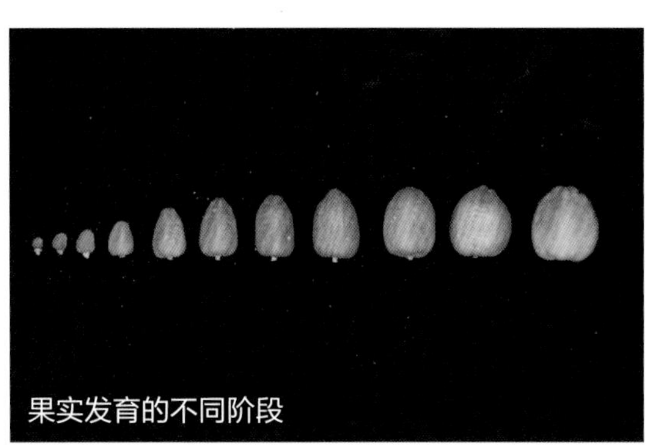
果实发育的不同阶段

果实

良垌 1 号

Liangdong 1

类别：黄皮

分类：芸香科、黄皮属、黄皮种

学名：*Clausena lansium* (Lour.) Skeels

来源

出自广东省湛江市廉江市良垌镇，为实生单株。

主要性状

树冠圆头形，树姿直立，树势强。果实圆卵形，果顶钝圆，单果重 7.0 ～ 9.2 克，纵径 2.5 ～ 2.7 厘米，横径 2.1 ～ 2.3 厘米，可食率 58.23% ～ 64.29%；果皮深褐色或古铜色，无果锈；果肉蜡白色，肉质细嫩，味甜酸，风味浓，果汁含量多；可溶性固形物含量 14.9% ～ 17.9%，可滴定酸含量 0.868% ～ 0.948%，每 100 克果肉含维生素 C 46.35 ～ 51.44 毫克。种子饱满，卵形或肾形，种皮黄绿色，表面光滑。在广州地区成熟期为 7 月中旬。

评价

坐果率高，丰产性好，果实品质中上，抗逆性强。

结果状

果穗

果穗

花

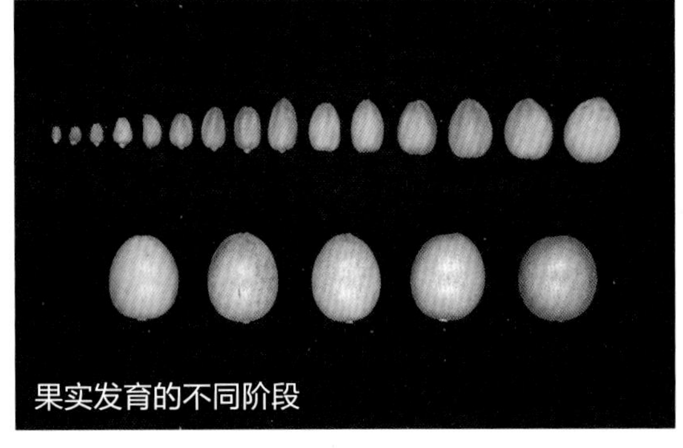
果实发育的不同阶段

果实

阳西 1 号
Yangxi 1

类别：黄皮
分类：芸香科、黄皮属、黄皮种
学名：*Clausena lansium* (Lour.) Skeels

来源

出自广东省阳江市阳西县塘口镇，为实生单株。

主要性状

树冠椭圆形，树姿半开张，树势中庸。果实圆球形或圆卵形，果顶浑圆或钝圆，单果重 4.8 ～ 6.6 克，纵径 2.0 ～ 2.3 厘米，横径 1.7 ～ 2.1 厘米，可食率 62.24% ～ 66.85%；果皮浅黄褐色，有果锈；果肉蜡黄色，肉质细嫩，味酸，风味浓，果汁含量多；可溶性固形物含量 13% ～ 14%，可滴定酸含量 1.115% ～ 1.341%，每 100 克果肉含维生素 C 42.130 ～ 48.254 毫克。种子不饱满，肾形，种皮绿色，表面光滑。在广州地区成熟期为 7 月中下旬。

评价

果穗较大，成熟度不一致，风味偏酸，抗逆性差，果实发育时期易受虫害。

植株

结果状

果穗

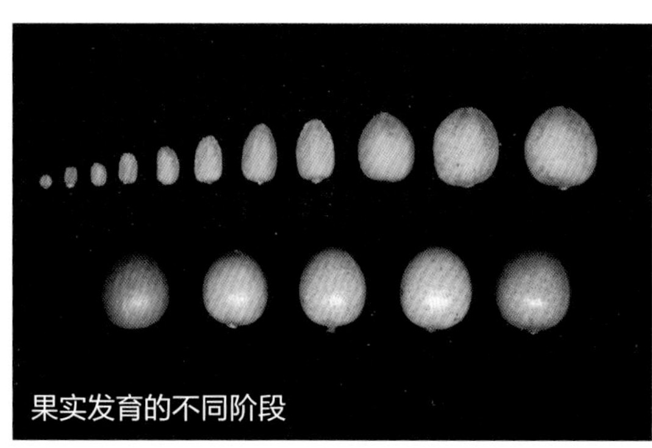
果实发育的不同阶段

果实

阳西 2 号

Yangxi 2

类别：黄皮

分类：芸香科、黄皮属、黄皮种

学名：*Clausena lansium* (Lour.) Skeels

来源

出自广东省阳江市阳西县塘口镇，为实生单株。

主要性状

树冠伞形，树姿开张，树势中庸。果实圆卵形，果顶钝圆，单果重 6.1 ～ 7.2 克，纵径 2.1 ～ 2.3 厘米，横径 1.9 ～ 2.1 厘米，可食率 62.43% ～ 66.94%；果皮黄褐色，有果锈；果肉蜡黄色，肉质细嫩，味甜酸，风味浓，果汁含量多；可溶性固形物含量 16.3% ～ 19.6%，可滴定酸含量 0.858% ～ 0.963%，每 100 克果肉含维生素 C 42.05 ～ 49.38 毫克。种子饱满，肾形，种皮黄绿色，表面光滑。在广州地区成熟期为 7 月中下旬。

评价

丰产性一般，果穗成熟度较一致，果实品质中上，抗病性强。

结果状

果穗

果穗

花穗

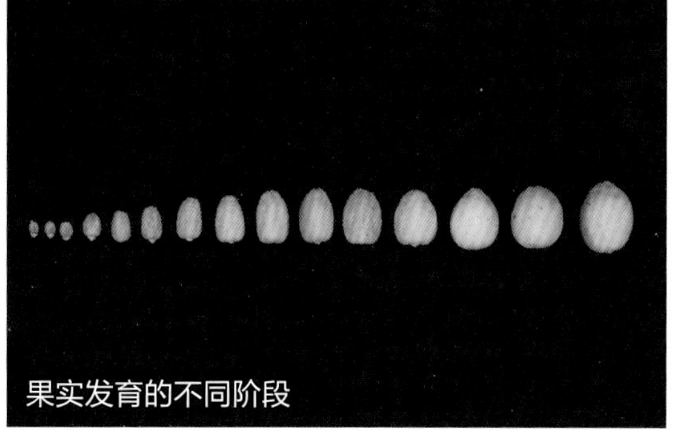
果实发育的不同阶段

果实

阳西 3 号
Yangxi 3

类别：黄皮
分类：芸香科、黄皮属、黄皮种
学名：*Clausena lansium* (Lour.) Skeels

来源

出自广东省阳江市阳西县塘口镇，为实生单株。

主要性状

树冠伞形，树姿开张，树势中庸。果实近球形，果顶浑圆，单果重 7.0 ～ 8.7 克，纵径 2.2 ～ 2.3 厘米，横径 2.2 ～ 2.3 厘米，可食率 57.19% ～ 64.52%；果皮深黄色，无果锈；果肉蜡黄色，肉质粗糙，味酸甜，风味浓，果汁含量中等；可溶性固形物含量 14.6% ～ 15.3%，可滴定酸含量 0.975% ～ 1.139%，每 100 克果肉含维生素 C 48.53 ～ 52.84 毫克。种子饱满，卵形，种皮绿色，表面光滑。在广州地区成熟期为 7 月中下旬。

评价

果穗较大，成熟度不一致，果实品质中等。

结果状

果穗

果穗

花穗

果实

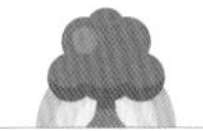

阳西 4 号
Yangxi 4

类别：黄皮
分类：芸香科、黄皮属、黄皮种
学名：*Clausena lansium* (Lour.) Skeels

来源

出自广东省阳江市阳西县塘口镇，为实生单株。

主要性状

树冠圆头形，树姿半开张，树势弱。果实近球形，果顶钝圆，单果重 7.5 ～ 8.6 克，纵径 2.4 ～ 2.6 厘米，横径 2.2 ～ 2.4 厘米，可食率 56.21% ～ 62.60%；果皮深黄褐色，有果锈；果肉蜡白色，肉质细嫩，味甜酸，风味浓，果汁含量多；可溶性固形物含量 16.2% ～ 17.0%，可滴定酸含量 0.821% ～ 0.953%，每 100 克果肉含维生素 C 42.00 ～ 44.81 毫克。种子饱满，肾形，种皮绿色，表面光滑。在广州地区成熟期为 7 月下旬。

评价

丰产性一般，果实品质中上，抗病性稍差。

结果状

果穗

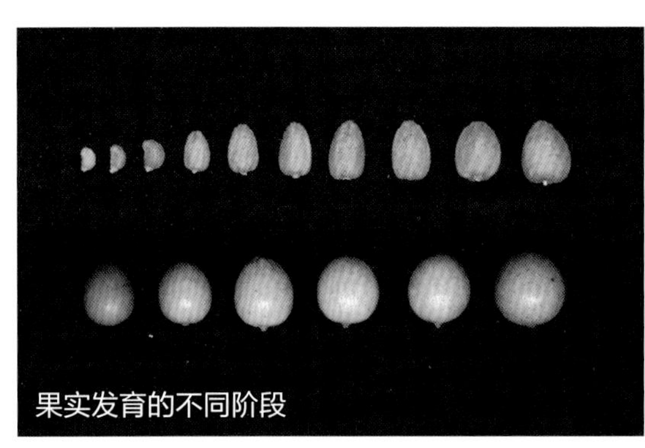
果实发育的不同阶段

果实

阳西 5 号
Yangxi 5

类别：黄皮
分类：芸香科、黄皮属、黄皮种
学名：*Clausena lansium* (Lour.) Skeels

来源

出自广东省阳江市阳西县塘口镇，为实生单株。

主要性状

树冠椭圆形，树姿直立，树势中庸。果实近球形，果顶钝圆，单果重 7.6 ～ 8.6 克，纵径 2.4 ～ 2.5 厘米，横径 2.3 ～ 2.4 厘米，可食率 54.75% ～ 60.60%；果皮黄褐色，有果锈；果肉蜡白色，肉质细嫩，味酸，风味浓，果汁含量多；可溶性固形物含量 13.6% ～ 15.5%，可滴定酸含量 1.333% ～ 1.486%，每 100 克果肉含维生素 C 45.35 ～ 55.41 毫克。种子饱满，卵形，种皮黄绿色，表面光滑。在广州地区成熟期为 7 月中下旬。

评价

丰产性一般，果实偏酸，品质中下，抗逆性差，易遭受虫害。

结果状

果穗

花穗

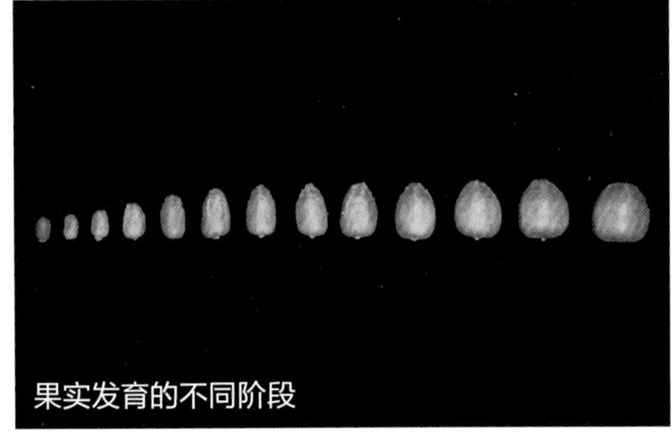
果实发育的不同阶段

果实

阳西 6 号

Yangxi 6

类别：黄皮
分类：芸香科、黄皮属、黄皮种
学名：*Clausena lansium* (Lour.) Skeels

来源

出自广东省阳江市阳西县塘口镇，为实生单株。

主要性状

树冠椭圆形，树姿半开张，树势中庸。果实鸡心形，果顶尖圆，单果重 6.5 ～ 8.1 克，纵径 2.6 ～ 2.9 厘米，横径 1.8 ～ 2.0 厘米，可食率 60.81% ～ 64.46%；果皮深黄褐色或红褐色，无果锈；果肉蜡黄色，肉质脆嫩，味酸，风味浓，果汁含量中等；可溶性固形物含量 14.1% ～ 15.3%，可滴定酸含量 0.893% ～ 1.242%，每 100 克果肉含维生素 C 36.43 ～ 46.58 毫克。种子不饱满，肾形，种皮黄绿色，表面光滑。在广州地区成熟期为 7 月上中旬。

评价

易成花，坐果率差，常出现连年失收现象，果实偏酸，品质较差。

结果状

花穗

果穗

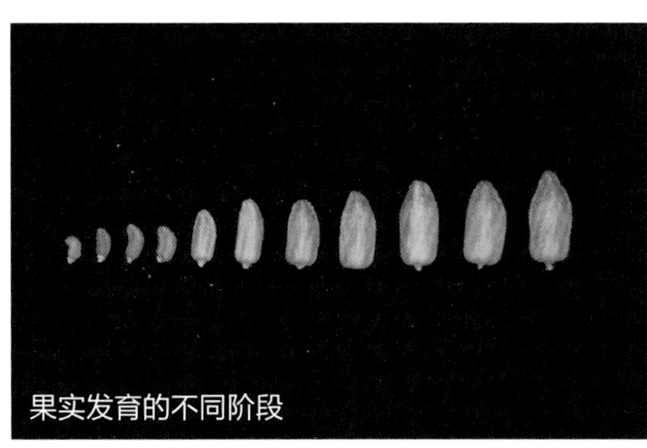
果实发育的不同阶段

果实

潮州 6 号
Chaozhou 6

类别：黄皮
分类：芸香科、黄皮属、黄皮种
学名：*Clausena lansium* (Lour.) Skeels

来源

出自广东省潮州市果树研究所，由广东省农业科学院果树研究所引回所内黄皮资源圃保存。

主要性状

树冠伞形，树姿开张，树势中庸。果实椭圆形或梨形，果实较大，单果重 9.5 ～ 11.7 克，纵径 3.1 ～ 3.3 厘米，横径 2.3 ～ 2.4 厘米，可食率 64.97% ～ 66.93%；果皮深黄色，有果锈；果肉浅黄色，肉质脆嫩，味清甜，无蜜味，风味淡，果汁含量少；可溶性固形物含量 14.0% ～ 16.8%，可滴定酸含量 0.089% ～ 0.132%，每 100 克果肉含维生素 C 12.63 ～ 28.34 毫克。种子饱满，肾形或棒形，种皮绿色，表面光滑。在广州地区成熟期为 7 月下旬至 8 月上旬。

评价

甜黄皮类迟熟种质。丰产性一般，易裂果，果实品质中等。

结果状

果穗

果实发育的不同阶段

果实

花穗

大埔1号
Dabu 1

类别：黄皮
分类：芸香科、黄皮属、黄皮种
学名：*Clausena lansium* (Lour.) Skeels

来源

出自广东省梅州市大埔县百侯镇，为实生单株。

主要性状

树冠椭圆形，树姿直立，树势中庸。果实鸡心形或长心形，果顶尖圆，单果重8.5～9.4克，纵径3.2～3.3厘米，横径2.2～2.3厘米，可食率60.04%～69.48%；果皮黄褐色或深褐色，有果锈；果肉蜡黄色，肉质细嫩，味酸，风味浓，果汁含量多；可溶性固形物含量15.5%～17.2%，可滴定酸含量1.132%～1.401%，每100克果肉含维生素C 30.15～41.93毫克。种子不饱满，纺锤形，种皮黄绿色，表面光滑。在广州地区成熟期为7月中旬。

评价

丰产性差，易出现大小年，果实偏酸，品质中下，易受虫害。

树

果穗

果穗

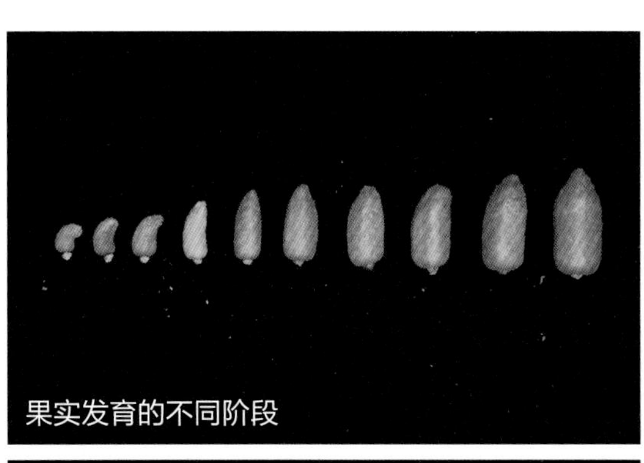
果实发育的不同阶段

果实

花穗

大埔 2 号
Dabu 2

类别：黄皮
分类：芸香科、黄皮属、黄皮种
学名：*Clausena lansium* (Lour.) Skeels

来源

出自广东省梅州市大埔县百侯镇，为实生单株。

主要性状

树冠圆头形，树姿开张，树势强。果实近球形或圆卵形，单果重 5.1 ～ 5.8 克，纵径 2.1 ～ 2.2 厘米，横径 1.9 ～ 2.0 厘米，可食率 58.92% ～ 61.34%；果皮黄褐色，有果锈；果肉蜡白色，肉质细嫩，味酸，风味浓，果汁含量中等；可溶性固形物含量 16.7% ～ 17.8%，可滴定酸含量 1.214% ～ 1.337%，每 100 克果肉含维生素 C 47.85 ～ 55.64 毫克。种子饱满，肾形，种皮黄绿色，表面光滑。在广州地区成熟期为 7 月中下旬。

评价

丰产，稳产。果穗大，穗粒数多，成熟度不一致，果实偏酸，品质中下。

植株

花穗

果穗

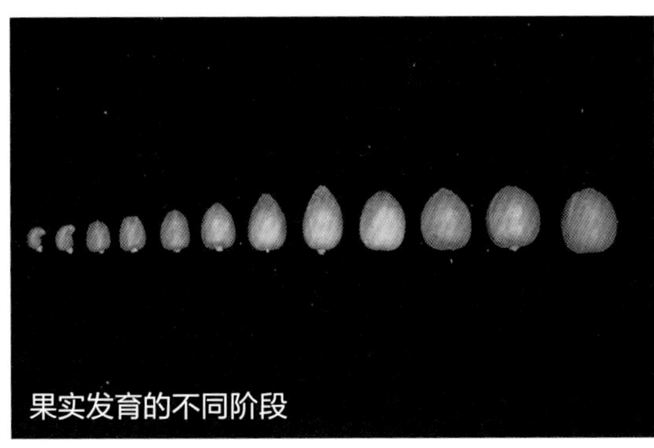
果实发育的不同阶段

果实

大埔 3 号
Dabu 3

类别：黄皮
分类：芸香科、黄皮属、黄皮种
学名：*Clausena lansium* (Lour.) Skeels

来源

出自广东省梅州市大埔县百侯镇，为实生单株。

主要性状

树冠圆头形，树姿半开张，树势中庸。果实圆球形，单果重 8.2 ～ 9.2 克，纵径 2.4 ～ 2.5 厘米，横径 2.4 ～ 2.5 厘米，可食率 58.36% ～ 61.95%；果皮黄色，有果锈；果肉蜡白色，肉质脆嫩，味清甜，风味淡，果汁含量少；可溶性固形物含量 13.8% ～ 15.0%，可滴定酸含量 0.162% ～ 0.228%，每 100 克果肉含维生素 C 14.05 ～ 19.47 毫克。种子饱满，肾形或卵形，种皮黄绿色，表面光滑。在广州地区成熟期为 7 月中下旬。

评价

甜黄皮类较迟熟种质。果实品质中等，易受虫害而影响果实外观。

植株

花穗

果穗

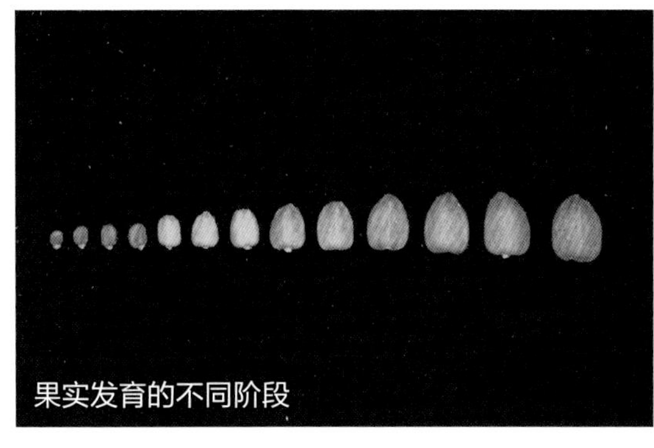
果实发育的不同阶段

果实

大埔 4 号
Dabu 4

类别：黄皮
分类：芸香科、黄皮属、黄皮种
学名：*Clausena lansium* (Lour.) Skeels

来源

出自广东省梅州市大埔县百侯镇，为实生单株。

主要性状

树冠椭圆形，树姿较直立，树势强。果实鸡心形，果顶尖圆，单果重 4.0 ～ 4.6 克，纵径 2.1 ～ 2.2 厘米，横径 1.7 ～ 1.9 厘米，可食率 54.17% ～ 57.88%；果皮黄褐色，无果锈；果肉蜡黄色，肉质细嫩，味酸，风味浓，果汁含量多；可溶性固形物含量 16.5% ～ 16.9%，可滴定酸含量 1.462% ～ 1.758%，每 100 克果肉含维生素 C 40.36 ～ 47.29 毫克。种子饱满，肾形，种皮黄绿色，表面光滑。在广州地区成熟期为 7 月上旬。

评价

产量高，果穗大，穗粒数多，成熟度不一致，果实较小，风味偏酸，品质较差。

结果状

花穗

果穗

花

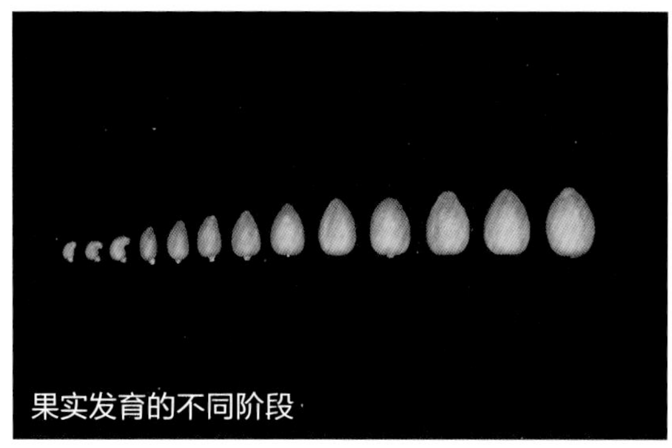
果实发育的不同阶段

果实

大埔 5 号

Dabu 5

类别：黄皮

分类：芸香科、黄皮属、黄皮种

学名：*Clausena lansium* (Lour.) Skeels

来源

出自广东省梅州市大埔县百侯镇，为实生单株。

主要性状

树冠伞形，树姿开张，树势强。果实圆卵形，果顶钝圆，中心有一明显尖突，特征明显，单果重 7.6 ～ 8.3 克，纵径 2.5 ～ 2.6 厘米，横径 2.1 ～ 2.3 厘米，可食率 54.84% ～ 59.60%；果皮黄褐色，有果锈；果肉蜡白色，肉质细嫩，味酸，风味浓，果汁含量多；可溶性固形物含量 14.6% ～ 17.2%，可滴定酸含量 1.086% ～ 1.284%，每 100 克果肉含维生素 C 25.85 ～ 34.44 毫克。种子不饱满，肾形，种皮绿色，表面光滑。在广州地区成熟期为 7 月上中旬。

评价

丰产性较好，果实外观特征明显，果实偏酸，品质中下。

结果状

果穗

果穗

花

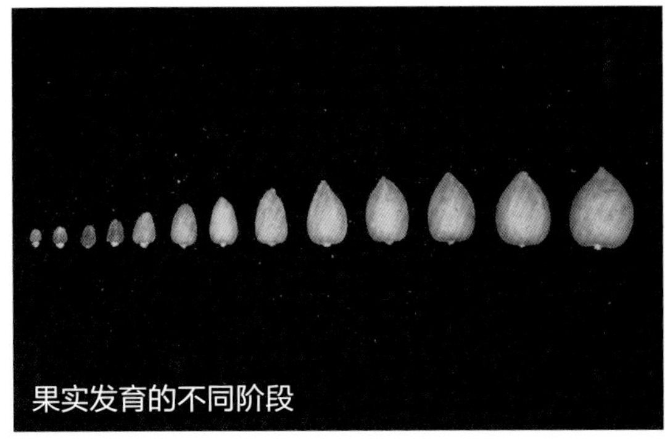
果实发育的不同阶段

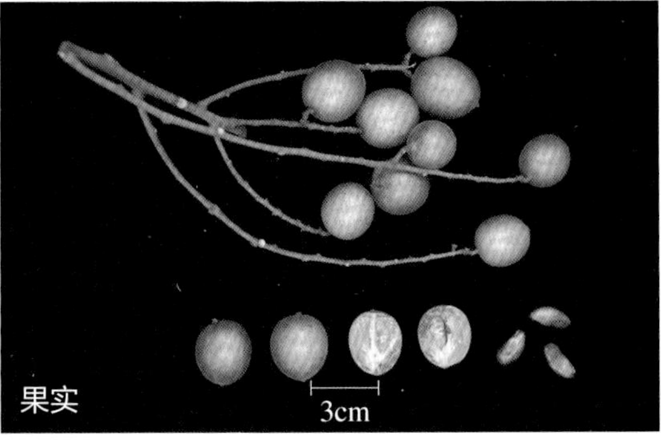

果实

大埔 6 号
Dabu 6

类别：黄皮
分类：芸香科、黄皮属、黄皮种
学名：*Clausena lansium* (Lour.) Skeels

来源

出自广东省梅州市大埔县百侯镇，为实生单株。

主要性状

树冠圆头形，树姿开张，树势强。果实近球形或圆卵形，果顶浑圆，单果重 5 ～ 7 克，纵径 2.2 ～ 2.4 厘米，横径 1.9 ～ 2.2 厘米，可食率 51.23% ～ 57.72%；果皮深黄褐色，有果锈；果肉蜡黄色，肉质细嫩，味酸，风味浓，果汁含量多；可溶性固形物含量 14.0% ～ 15.7%，可滴定酸含量 1.152% ～ 1.833%，每 100 克果肉含维生素 C 20.23 ～ 36.12 毫克。种子不饱满，肾形或卵形，种皮黄绿色，表面光滑。在广州地区成熟期为 7 月上中旬。

评价

典型的软枝形种质，丰产，稳产。果穗紧凑，穗粒数多似葡萄，果实酸含量高，鲜食品质差。

结果状

果穗

果穗

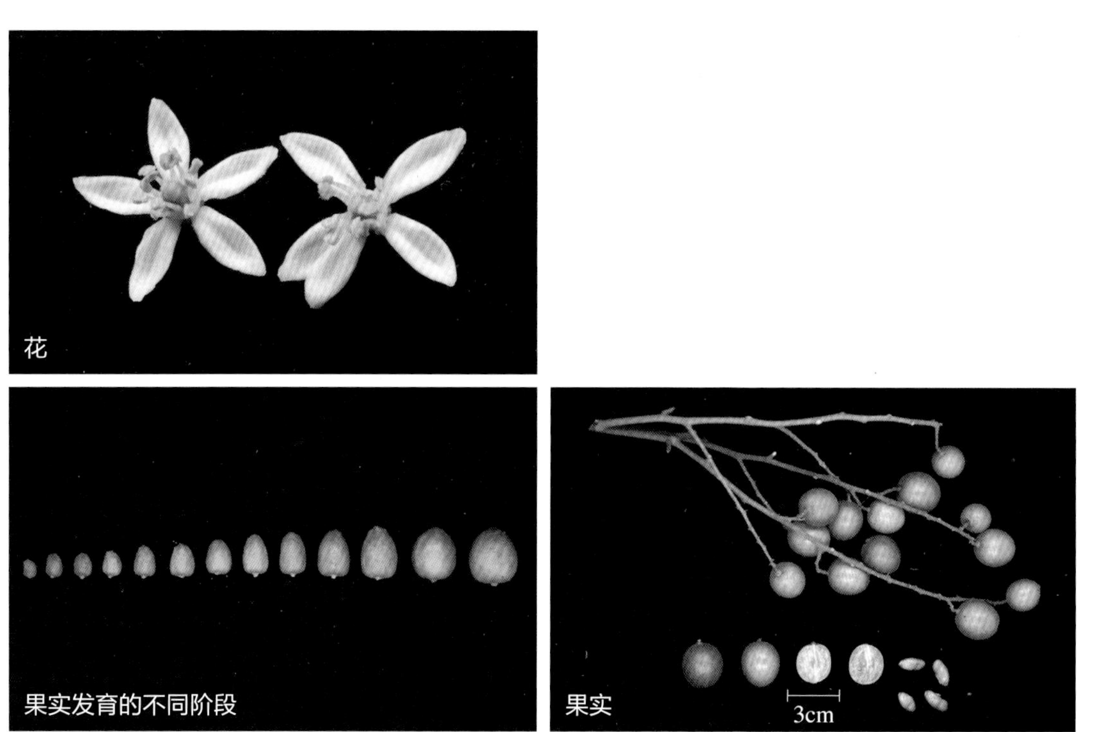

花

果实发育的不同阶段

果实

闽 1 号
Min 1

类别：黄皮
分类：芸香科、黄皮属、黄皮种
学名：*Clausena lansium* (Lour.) Skeels

来源

出自厦门华侨亚热带植物引种园，由广东省农业科学院果树研究所引回所内黄皮种质资源圃保存。

主要性状

树冠伞形，树姿半开张，树势强。果实圆球形，单果重 8.2 ～ 9.2 克，纵径 2.4 ～ 2.5 厘米，横径 2.4 ～ 2.5 厘米，可食率 53.68% ～ 66.82%；果皮黄褐色，无果锈；果肉蜡白色，肉质细嫩，味酸甜，风味中，果汁含量多；可溶性固形物含量 15.4% ～ 18.0%，可滴定酸含量 1.267% ～ 1.476%，每 100 克果肉含维生素 C 33.91 ～ 43.12 毫克。种子饱满，卵形，种皮绿色，表面光滑。在广州地区成熟期为 7 月中旬。

评价

坐果率高，丰产，稳产。果实品质中等。

结果状

花穗

果穗

花

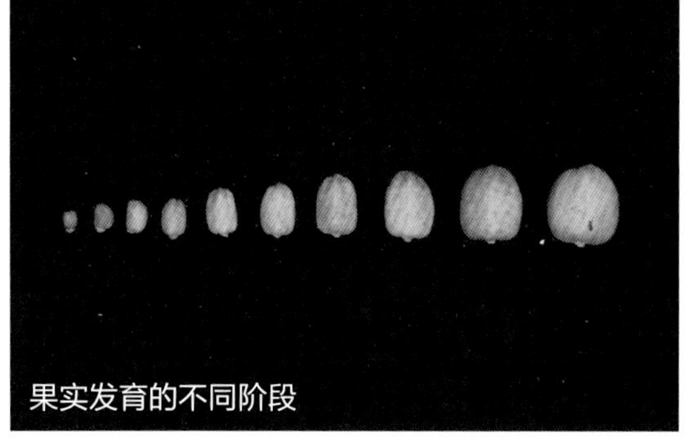
果实发育的不同阶段

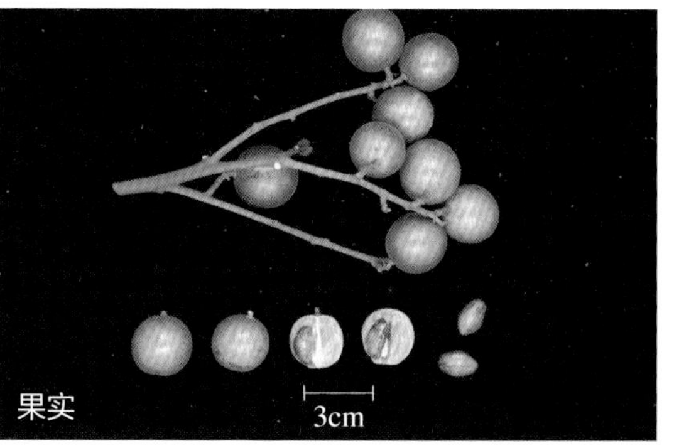

果实

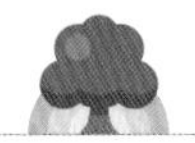

闽 2 号
Min 2

类别：黄皮
分类：芸香科、黄皮属、黄皮种
学名：*Clausena lansium* (Lour.) Skeels

来源

出自厦门华侨亚热带植物引种园，由广东省农业科学院果树研究所引回所内黄皮种质资源圃保存。

主要性状

树冠椭圆形，树姿直立，树势强。果实圆卵形或鸡心形，单果重 7.8 ～ 9.3 克，纵径 2.7 ～ 2.8 厘米，横径 2.3 ～ 2.4 厘米，可食率 56.85% ～ 59.60%；果皮深褐色，无果锈；果肉蜡黄色，肉质细嫩，味酸甜，风味浓，果汁含量多；可溶性固形物含量 18.2% ～ 20.0%，可滴定酸含量 1.223% ～ 1.421%，每 100 克果肉含维生素 C 41.22 ～ 52.12 毫克。种子不饱满，肾形，种皮黄绿色，表面光滑。在广州地区成熟期为 7 月中旬。

评价

果实品质较优，丰产性一般，抗病性差，易发生梢腐病、炭疽病。

结果状

果穗

果穗

花穗

花

果实发育的不同阶段

果实

闽3号

Min 3

类别：黄皮
分类：芸香科、黄皮属、黄皮种
学名：*Clausena lansium* (Lour.) Skeels

来源

出自厦门华侨亚热带植物引种园，由广东省农业科学院果树研究所引回所内黄皮种质资源圃保存。

主要性状

树冠椭圆形，树姿直立，树势强。果实圆卵形，单果重4.0～6.1克，纵径2.0～2.3厘米，横径1.7～2.1厘米，可食率56.95%～59.65%；果皮黄褐色，有果锈；果肉蜡白色，肉质细嫩，味酸，风味浓，果汁含量多；可溶性固形物含量16.1%～17.0%，可滴定酸含量1.431%～1.720%，每100克果肉含维生素C 28.35～40.45毫克。种子饱满，卵形或肾形，种皮黄绿色，表面光滑。在广州地区成熟期为7月中下旬。

评价

果实品质中等，丰产性一般，易出现大小年结果，抗病性差，易发生梢腐病、炭疽病。

结果状

果穗

花穗

花

果实发育的不同阶段

果实

闽4号

Min 4

类别：黄皮

分类：芸香科、黄皮属、黄皮种

学名：*Clausena lansium* (Lour.) Skeels

来源

出自厦门华侨亚热带植物引种园，由广东省农业科学院果树研究所引回所内黄皮种质资源圃保存。

主要性状

树冠椭圆形，树姿直立，树势强。果实近球形，单果重 8.4 ～ 9.2 克，纵径 2.4 ～ 2.5 厘米，横径 2.3 ～ 2.5 厘米，可食率 62.38% ～ 62.43%；果皮黄褐色，有果锈；果肉蜡白色，肉质细嫩，味酸，风味浓，果汁含量多；可溶性固形物含量 14.0% ～ 16.2%，可滴定酸含量 1.345% ～ 1.861%，每 100 克果肉含维生素 C 32.11 ～ 42.74 毫克。种子饱满，肾形，种皮黄绿色，表面光滑。在广州地区成熟期为 7 月中下旬。

评价

较丰产，果穗大，坐果率高，穗粒数多，果实口感过酸，品质较差。

结果状

果穗

花穗

果穗

果实发育的不同阶段

果实

闽5号
Min 5

类别：黄皮
分类：芸香科、黄皮属、黄皮种
学名：*Clausena lansium* (Lour.) Skeels

来源

出自厦门华侨亚热带植物引种园，由广东省农业科学院果树研究所引回所内黄皮种质资源圃保存。

主要性状

树冠椭圆形，树姿直立，树势强。果实鸡心形，果顶尖圆，中心处尖突明显，单果重 5.0 ~ 7.7 克，纵径 2.3 ~ 2.7 厘米，横径 1.8 ~ 2.2 厘米，可食率 59.15% ~ 62.43%；果皮黄色，有果锈；果肉蜡白色，肉质细嫩，味酸，风味浓，果汁含量多；可溶性固形物含量 15.6% ~ 17.3%，可滴定酸含量 1.261% ~ 1.628%，每 100 克果肉含维生素 C 37.35 ~ 50.03 毫克。种子饱满，卵形，种皮黄绿色，表面光滑。在广州地区成熟期为 7 月中下旬。

评价

丰产性一般，果实口感过酸，品质较差，抗病性差，易感染炭疽病。

植株

花穗

果穗

花

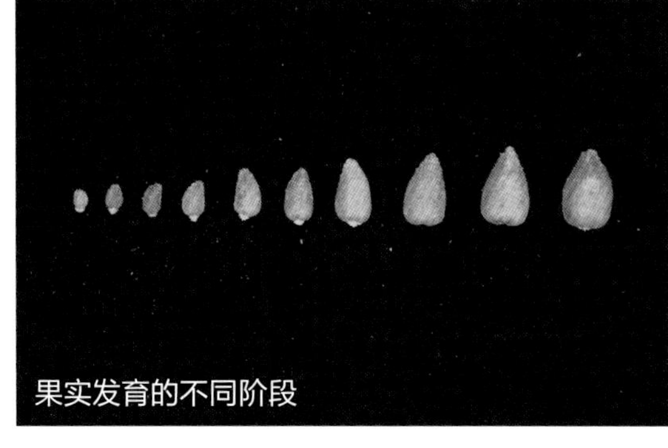
果实发育的不同阶段

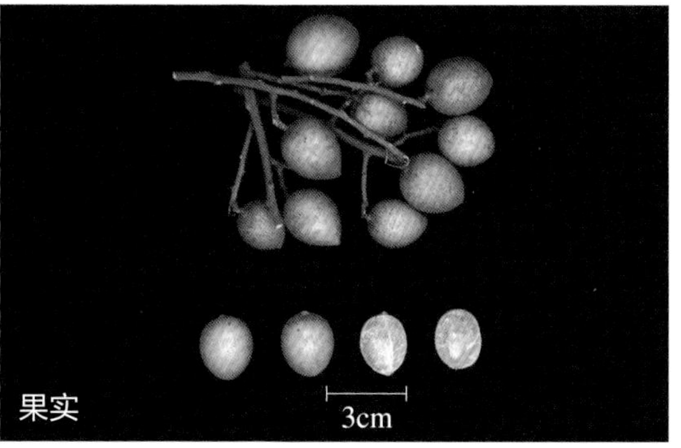

果实

风梢 2 号
Fengshao 2

类别：黄皮
分类：芸香科、黄皮属、黄皮种
学名：*Clausena lansium* (Lour.) Skeels

来源

原产于广东省湛江市廉江市河唇镇，为实生单株。

主要性状

树冠圆头形，树姿开张，树势强。果实圆卵形，单果重 7.1 ~ 8.3 克，纵径 2.3 ~ 2.5 厘米，横径 2.1 ~ 2.3 厘米，可食率 46.64% ~ 62.06%；果皮黄褐色，有果锈；果肉蜡白色，肉质细嫩，味酸甜，风味浓，果汁含量多；可溶性固形物含量 15.9% ~ 17.3%，可滴定酸含量 1.219% ~ 1.442%，每 100 克果肉含维生素 C 28.15 ~ 44.18 毫克。种子饱满，卵形，种皮黄绿色，表面光滑。在广州地区成熟期为 7 月中下旬。

评价

早结性强，果穗大，坐果率高，穗粒数多，果实品质中等。

结果状

果穗

果穗

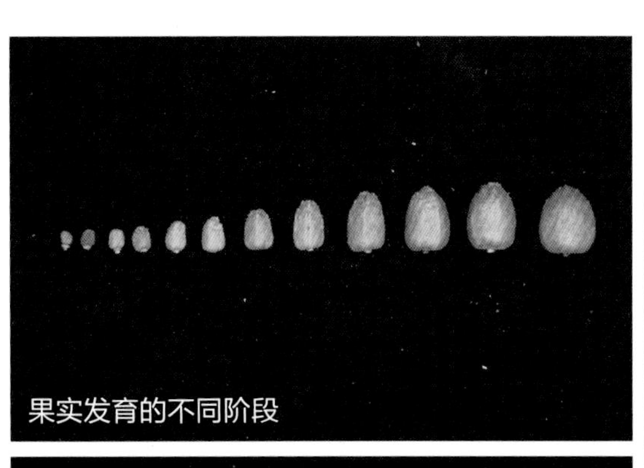

果实发育的不同阶段

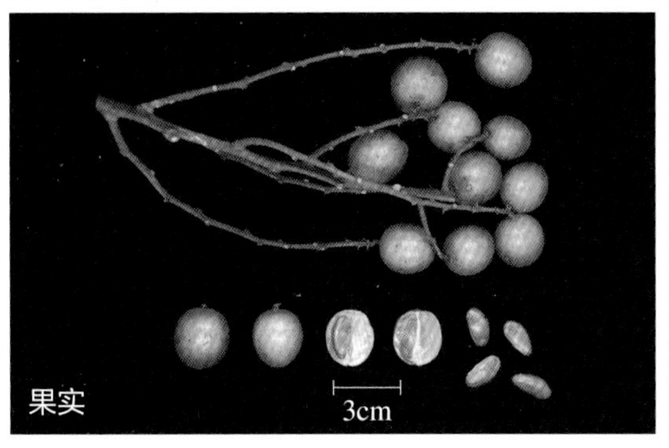

果实

花穗

风梢 3 号
Fengshao 3

类别：黄皮
分类：芸香科、黄皮属、黄皮种
学名：*Clausena lansium* (Lour.) Skeels

来源

原产于广东省湛江市廉江市河唇镇，为实生单株。

主要性状

树冠圆头形，树姿开张，树势强。果实圆卵形或近球形，单果重 5.0 ～ 6.5 克，纵径 2.0 ～ 2.2 厘米，横径 1.8 ～ 2.0 厘米，可食率 62.06% ～ 65.33%；果皮深黄褐色，有果锈；果肉蜡白色，肉质细嫩，味甜酸，风味浓，果汁含量多；可溶性固形物含量 19.2% ～ 20.0%，可滴定酸含量 0.903% ～ 1.141%，每 100 克果肉含维生素 C 56.31 ～ 72.18 毫克。种子饱满，卵形，种皮黄绿色，表面光滑。在广州地区成熟期为 7 月中下旬。

评价

早结性强，丰产性好，果穗较大，成熟度不一致，果实品质较优。

结果状

花穗

果穗

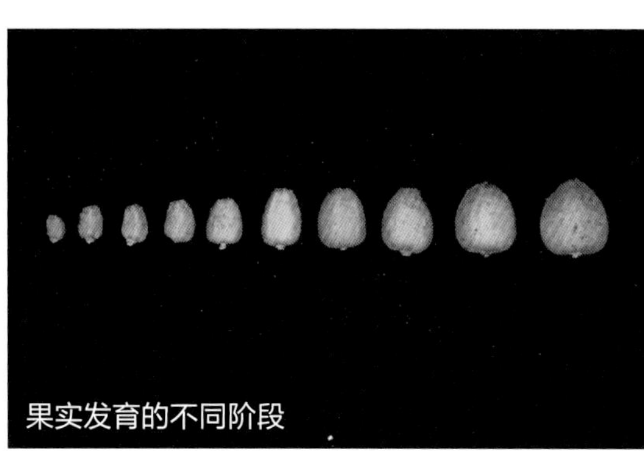
果实发育的不同阶段

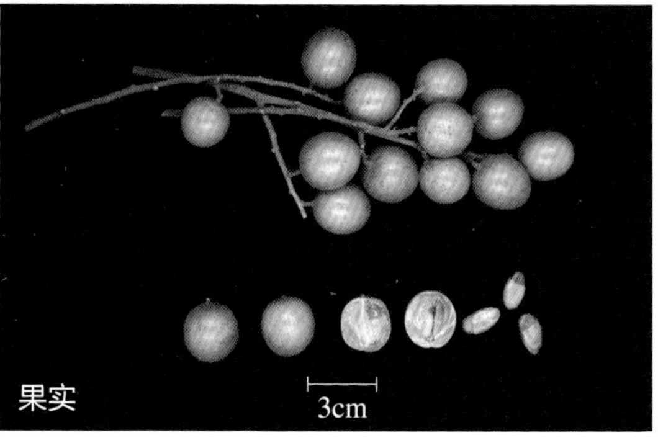

果实

风梢 4 号

Fengshao 4

类别：黄皮

分类：芸香科、黄皮属、黄皮种

学名：*Clausena lansium* (Lour.) Skeels

来源

原产于广东省湛江市廉江市河唇镇，为实生单株。

主要性状

树冠伞形，树姿开张，树势强。果实近球形，单果重 5.0 ～ 6.4 克，纵径 2.0 ～ 2.3 厘米，横径 1.9 ～ 2.1 厘米，可食率 62.04% ～ 65.60%；果皮深黄褐色，有果锈；果肉蜡白色，肉质细嫩，味酸甜，风味浓，果汁含量多；可溶性固形物含量 17.8% ～ 19.0%，可滴定酸含量 1.211% ～ 1.543%，每 100 克果肉含维生素 C 44.19 ～ 58.61 毫克。种子饱满，肾形，种皮黄绿色，表面光滑。在广州地区成熟期为 7 月中下旬。

评价

早结性强，丰产，稳产。果实品质中等。

结果状

花穗

果穗

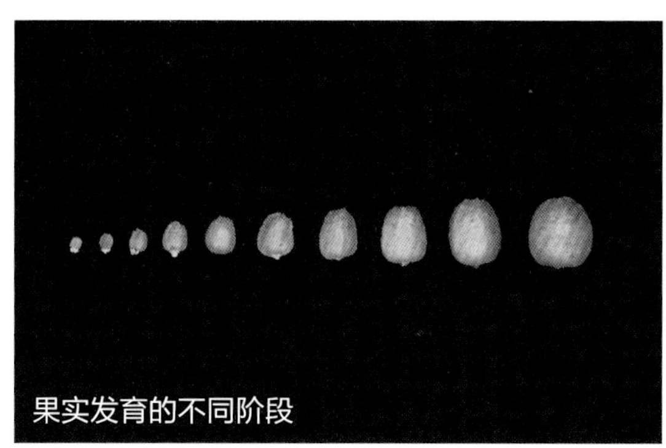
果实发育的不同阶段

果实

巨峰
Jufeng

类别：黄皮
分类：芸香科、黄皮属、黄皮种
学名：*Clausena lansium* (Lour.) Skeels

来源

出自广东省农业科学院果树研究所黄皮种质资源圃，为实生单株。

主要性状

树冠圆头形，树姿半开张，树势中庸。果实圆球形，果顶浅凹，果较大，单果重 8.8 ～ 10.3 克，纵径 2.5 ～ 2.6 厘米，横径 2.5 ～ 2.6 厘米，可食率 63.69% ～ 69.93%；果皮深褐色或古铜色，有果锈；果肉蜡白色，肉质细嫩，味甜酸，风味浓，果汁含量多；可溶性固形物含量 19.2% ～ 20.9%，可滴定酸含量 1.114% ～ 1.211%，每 100 克果肉含维生素 C 56.05 ～ 69.62 毫克。种子饱满，肾形，种皮绿色，表面光滑。在广州地区成熟期为 7 月中下旬。

评价

大果型种质，早结，丰产，稳产。果实品质优良，抗病抗逆性强。

结果状

果穗

果穗

果穗
果穗
果实发育的不同阶段
果实

番禺甜皮

Panyu tianpi

类别：黄皮

分类：芸香科、黄皮属、黄皮种

学名：*Clausena lansium* (Lour.) Skeels

来源

原产于广东省广州市番禺区，为实生单株。

主要性状

树冠椭圆形，树姿直立，树势中庸。果实椭圆形，果顶深凹，单果重 10.0 ～ 11.6 克，纵径 2.8 ～ 3.0 厘米，横径 2.3 ～ 2.5 厘米，可食率 71.77% ～ 72.99%；果皮黄色，有果锈；果肉蜡白色，肉质脆嫩，味清甜，风味淡，果汁含量少；可溶性固形物含量 15.6% ～ 18.1%，可滴定酸含量 0.102% ～ 0.125%，每 100 克果肉含维生素 C 18.37 ～ 30.54 毫克。种子饱满，肾形或卵形，种皮黄绿色，表面光滑。在广州地区成熟期为 7 月中下旬。

评价

甜黄皮类种质，果大，果实品质中等，产量一般，易出现大小年结果现象。

植株

果穗

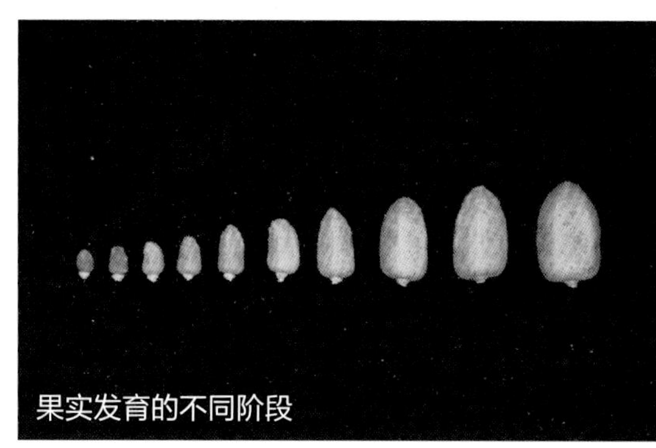
果实发育的不同阶段

果实

连南7号

Liannan 7

类别：黄皮

分类：芸香科、黄皮属、黄皮种

学名：*Clausena lansium* (Lour.) Skeels

来源

原产于广东省清远市连南县，为实生单株。

主要性状

树冠椭圆形，树姿直立，树势中庸。果实近球形，单果重8.7～9.2克，纵径2.5～2.6厘米，横径2.4～2.5厘米，可食率70.44%～75.48%；果皮黄褐色，有果锈；果肉蜡白色，肉质细嫩，味酸甜，风味浓，果汁含量中等；可溶性固形物含量17.4%～18.5%，可滴定酸含量1.454%～1.625%，每100克果肉含维生素C 36.25～48.33毫克。种子饱满，肾形，种皮黄绿色，表面光滑。在广州地区成熟期为7月中旬。

评价

大果型种质，早结，丰产，稳产。果实品质中等。

结果状

果穗

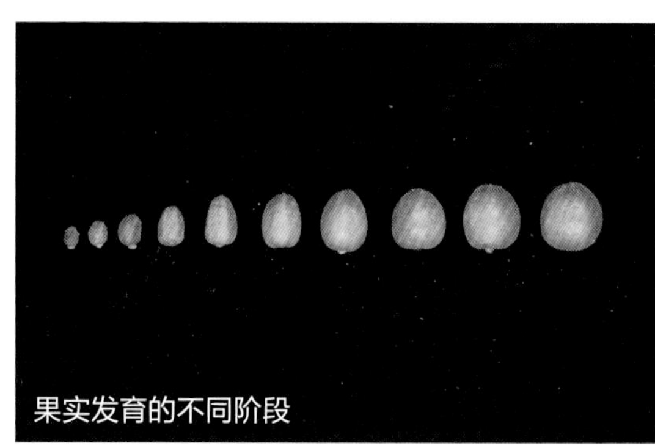
果实发育的不同阶段

果实

东兴 1 号

Dongxing 1

类别：黄皮

分类：芸香科、黄皮属、黄皮种

学名：*Clausena lansium* (Lour.) Skeels

来源

原产于广西壮族自治区防城港市东兴市，为实生单株。

主要性状

树冠圆头形，树姿开张，树势强。小叶披针形，深内卷。果实近球形或圆卵形，单果重 4.4 ～ 7.1 克，纵径 1.9 ～ 2.3 厘米，横径 1.8 ～ 2.2 厘米，可食率 64.81% ～ 71.29%；果皮黄褐色，有果锈；果肉蜡白色，肉质细嫩，味酸，风味浓，果汁含量中等；可溶性固形物含量 13.2% ～ 15.3%，可滴定酸含量 0.899% ～ 1.268%，每 100 克果肉含维生素 C 22.81 ～ 36.24 毫克。种子饱满，卵形或肾形，种皮黄绿色，表面光滑。在广州地区成熟期为 7 月上中旬。

评价

易成花，坐果率高，果实偏酸，品质较差，抗逆性强。

结果状

果穗

花穗

花

果实发育的不同阶段

果实

东兴 2 号
Dongxing 2

类别：黄皮
分类：芸香科、黄皮属、黄皮种
学名：*Clausena lansium* (Lour.) Skeels

来源

原产于广西壮族自治区防城港市东兴市，为实生单株。

主要性状

树冠伞形，树姿开张，树势强。小叶披针形，深内卷。果实近球形或圆卵形，单果重 3.4 ～ 5.8 克，纵径 1.9 ～ 2.1 厘米，横径 1.6 ～ 2.0 厘米，可食率 64.64% ～ 72.88%；果皮黄褐色，有果锈；果肉蜡黄色，肉质细嫩，味酸，风味浓，果汁含量中等；可溶性固形物含量 14.9% ～ 16.9%，可滴定酸含量 1.061% ～ 1.187%，每 100 克果肉含维生素 C 25.25 ～ 37.56 毫克。种子饱满，卵形，种皮黄绿色，表面光滑。在广州地区成熟期为 7 月上中旬。

评价

早结，较丰产，果实偏酸，品质较差，抗逆性强。

结果状

果穗

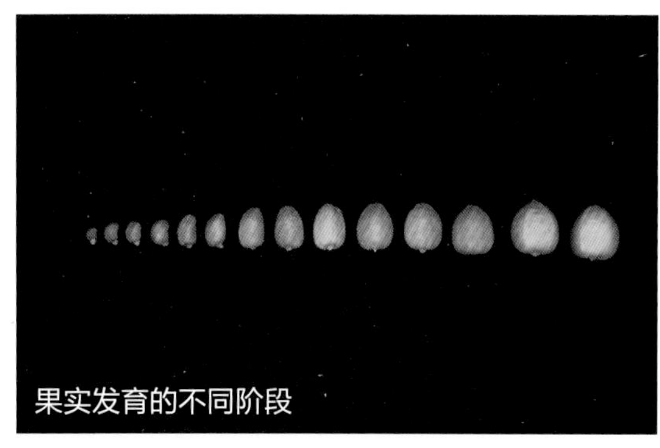
果实发育的不同阶段

果实

郁南珍珠

Yunan zhenzhu

类别：黄皮
分类：芸香科、黄皮属、黄皮种
学名：*Clausena lansium* (Lour.) Skeels

来源

原产于广东省云浮市郁南县建城镇，为实生单株。

主要性状

树冠圆头形，树姿开张，树势强。果实近球形，单果重 4.9 ～ 6.8 克，纵径 2.1 ～ 2.3 厘米，横径 1.9 ～ 2.2 厘米，可食率 63.36% ～ 65.72%；果皮黄褐色，有果锈；果肉蜡黄色，肉质细嫩，味酸，风味淡，果汁含量少；可溶性固形物含量 12.2% ～ 16.7%，可滴定酸含量 1.022% ～ 1.332%，每 100 克果肉含维生素 C 30.05 ～ 42.13 毫克。种子饱满，卵形，种皮浅绿色，表面光滑。在广州地区成熟期为 7 月中旬。

评价

坐果率高，穗粒数多，成熟度不一致，果实偏酸，品质较差，易感炭疽病。

结果状

花穗

果穗

花

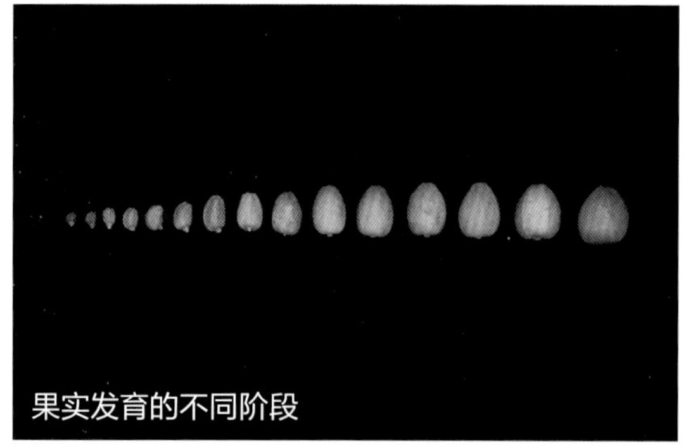
果实发育的不同阶段

果实

参考文献

陆育生，潘建平，常晓晓，等，2017. 晚熟黄皮新品种“大丰 1 号黄皮”的选育 [J]，果树学报，34（09）：1222-1224.

潘建平，陆育生，袁沛元，等，2014.“金丰黄皮”品种选育研究 [J]，中国热带农业（5）：38-39.

潘建平，袁沛元，曾杨，等，2007. 华南地区黄皮良种、生产现状与发展对策 [J]. 广东农业科学（01）：103-105.

潘建平，袁沛元，曾杨，等，2008. 金球黄皮区域化试验 [J]，广东农业科学（09）：56-58.

徐社金，2006. 金鸡心黄皮品种特点及其栽培技术 [J]，中国南方果树（06）：33.

张瑞明，万树青，赵冬香，2012. 黄皮的化学成分及生物活性研究进展 [J]. 天然产物研究与开发，24（1）：118-123.

LI B Y, YUAN Y H, HU J F, et al, 2011. Protective effect of Bu-7, a flavonoid extracted from Clausena lansium, against rotenone injury in PC12 cells [J]. Acta Phamacologica Sinica, 32(11): 1321-1326.

LIM T K, 2012. Edible medicinal and non-medicinal plants [M]. New York: Springer Science & Business Media.

FU L, XU B T, XU X R, et al, 2011. Antioxidant capacities and total phenolic contents of 62 fruits [J]. Food Chemistry, 129(2): 345-350.

PRASAD K N, XIE H H, HAO J, et al, 2010. Antioxidant and anticancer activities of 8-hydroxypsoralen isolated from wampee [Clausena lansium (Lour.) Skeels] peel [J]. Food Chemistry, 118(1): 62-66.